アイアイ

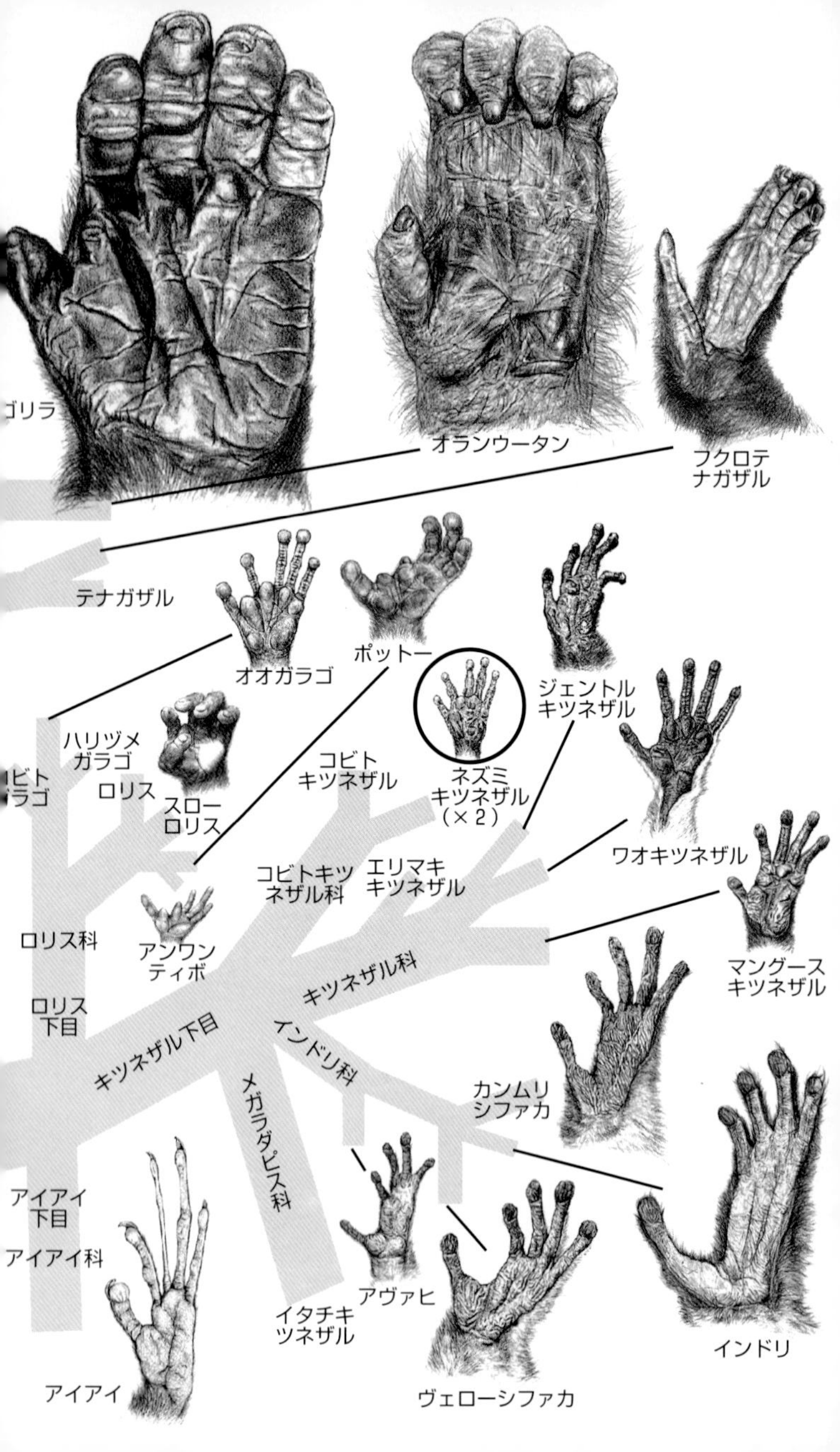
ゴリラ
オランウータン
フクロテ
ナガザル
テナガザル
オオガラゴ
ポットー
ジェントル
キツネザル
ハリヅメ
ガラゴ
ビト
ラゴ
ロリス
スロー
ロリス
コビト
キツネザル
ネズミ
キツネザル
（×２）
ワオキツネザル
コビトキツ
ネザル科
エリマキ
キツネザル
マングース
キツネザル
ロリス科
アンワン
ティボ
キツネザル科
ロリス
下目
キツネザル下目
インドリ科
メガラダピス科
カンムリ
シファカ
アイアイ
下目
アイアイ科
アヴァヒ
イタチキ
ツネザル
インドリ
ヴェローシファカ
アイアイ

霊長類のさまざまな手

それぞれのサルについておよその系統上の位置を示している．分類と学名については巻末資料を参照されたい．

画・笹原富美代

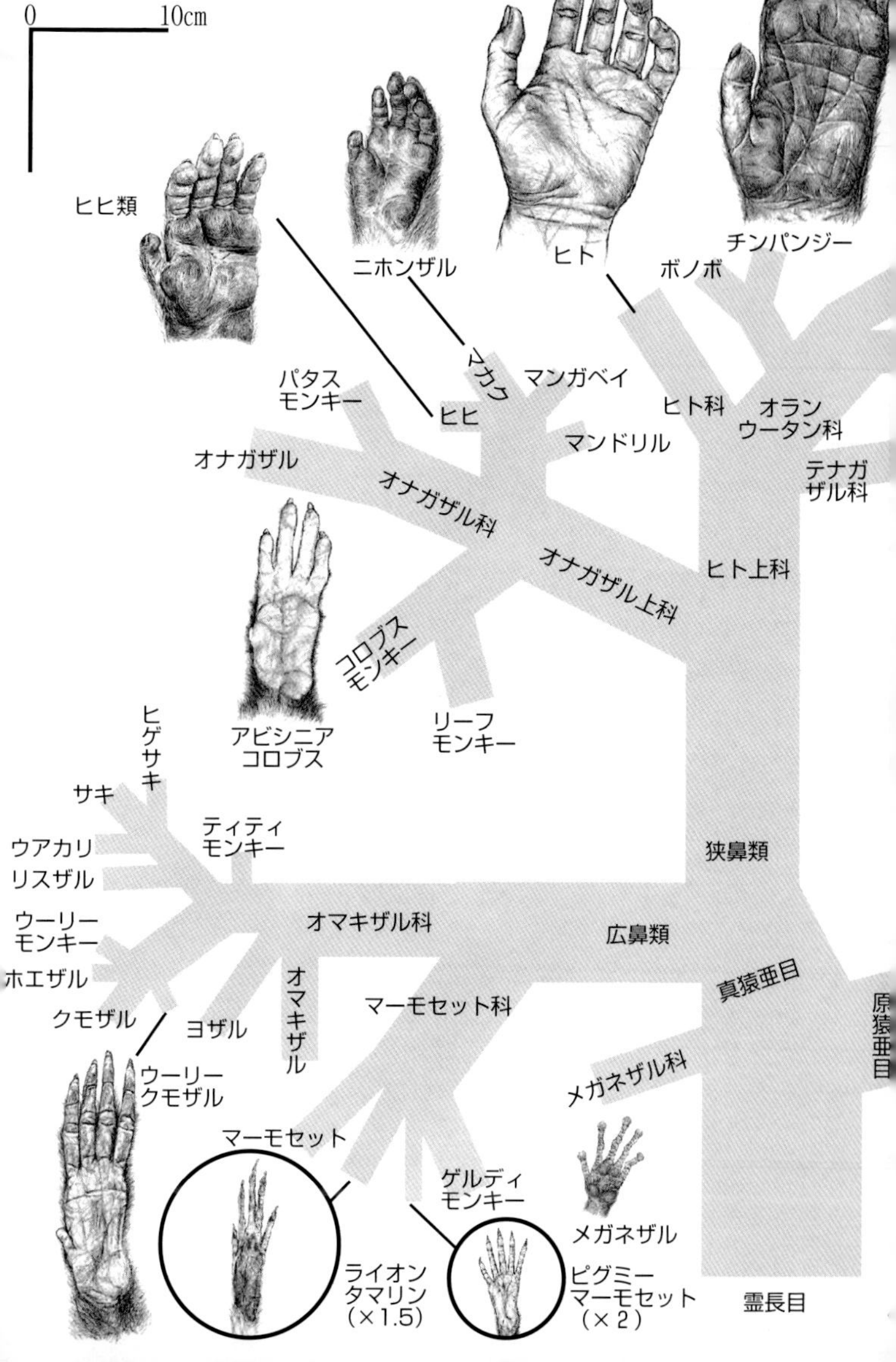

二足歩行をするチンパンジー

中公新書 1709

島　泰三著

親指はなぜ太いのか

直立二足歩行の起原に迫る

中央公論新社刊

はじめに

「じっと手を見」てほしい。人生の哀歓が刻まれた手には、言葉に余る表情があるなどと言いたいのではない。ただ、つぎに手の力を抜いてほしいだけである。すると、太い親指は人差し指とともに不完全な楕円《だえん》形を描き、指と手のひらのあいだに立体的な空間が現れる。なぜ、こうなるのだろうか？

それにしても親指はなぜ太くて、他の指に向かいあっているのだろうか？　教科書ふうに答えれば、親指が他の指に向かいあう「拇指《ぼし》対向性」は霊長《れいちょう》類の特徴であるから人間もそうなのだ、という説明になるのだろう。

たしかに多くのサルはそうなのだが、そうでないものもいる。いくつかのサルたちは、対向的ではない小さな、あるいは短い、または痕跡《こんせき》的な親指しかもっていないし、まったく親指がないものもいる。そのうえ、「親」といわれるほど親指が太いサルは、霊長類のなかでは例が少ない。なぜ、霊長類にはこんなにいろいろな手があるのだろうか？　そして、なぜ、人間はこんなに特別な親指をもっているのだろうか？

私がこのような指の問題にのめりこむことになったのは、マダガスカルでアイアイを調べるようになったためだった。

それは1984年のことで、アイアイが発見されてほぼ200年がたっていた。私はこのとき、世界ではじめて野生のアイアイが果実を食べている様子を観察した。アイアイの食物は、それまで信じられていたような昆虫の幼虫ではなく、ラミーという大木の果実の種子の中身（石果《せきか》の仁《じん》・注）だった。アイアイの針金のような中指とリスのような切歯《せっし》という特別な形の組みあわせは、動物学の謎《なぞ》のなかの謎とされてきたが、それは、ラミーの堅い殻に覆われた種子から食物を取り出すために、欠くことのできないワンセットの道具だった。つまり、アイアイの特殊な手と歯の形は、その特別な主食と関係していた。

マダガスカルのそのほかの原猿《げんえん》類を調べるにつれて、指と歯の形が主食と関連するという視点は、霊長類一般に通用すると思うようになった。このアイデアを「口と手の形は、その主食の種類によって決められる」とまとめると、人類にも適用できるのではないかと、ある日私は考えついた。人類の主食は、その口と手によって決められている、と。マダガスカルの原野を行く長い単調な旅のあいだのことである。それは、身震いをするような経験だった。

どの人類学の教科書にも、人類の歯は、類人猿たちの大きな牙《きば》状の犬歯《けんし》をもった歯にくらべると、平坦《へいたん》でひじょうに特殊だとは書かれているが、人類の主食については漠然とした多くの仮説が、相互にまったく矛盾したまま取り上げられているにすぎなかった。

この人類学の論争のただ中に入るのは、そうとうの勇気が必要だったが、私には人類学の先師、渡辺仁《わたなべひとし》先生がいた。いくつかのアイデアは先生の論文からいただき、日本とアメリカの図書館を探し歩いて、ひとつひとつの仮説をその元の論文までたどっていく長い旅のあいだに、私は自分の仮説に自信を強め、この視点から人類の直立二足歩行を解明できることに気づいた。

この「主食は、霊長類の種《しゅ》の口と手の形を決定する」というアイデアを「口と手連合仮説」とよぶことにして、これを2冊のノートにまとめ、私の霊長類学の師、西田利貞《にしだとしさだ》先生に見せた。西田さんは私の原稿を検討して、「誰もがやろうとしてできないこと」と評価してくれたが、人類の直立二足歩行の起原については、チンパンジーを見るべきだと勧めてくださった。

そこで私は1997年にアフリカの地を踏み、タンガニーカ湖畔のマハレ山塊に西田さんとそのチンパンジーを訪ねることになった。他のサルたちが手のひらを地面につけて歩くのに、チンパンジーは拳固《げんこ》で歩く（ナックル・ウォーキング）が、なぜチンパンジーはそんな特別な歩きかたをするのだろうか？　人類とチンパンジーというごく近縁の類人猿仲間が、お互いにまったくちがった手をもち、ちがった歩きかたをしているのは、なぜだろうか？　私はタンガニーカ湖畔の森のなかで、その答えをあたえられた。

学生時代のニホンザルの野外調査にはじまり、30年のあいだ日本とマダガスカルとアフリカ大陸とで、私はひたすらサルたちを見てきた。この本はそのとりまとめであり、人類進化の謎を解く壮大な物語であるとも、手の形の意味を探る手のひらサイズの物語であるともいえる。人類の直立二足歩行の秘密を知りたければ、自分の手をゆっくりと見て、そこに描かれている物語を読みとることができればいい。読みとろうと思えば誰にでもできる。しかし、そのためには方法がある。

なぜ、アイアイはあんなに特別な指をしているのか？　人類はなぜ、こんな手をもっているのか？　そして、なぜ、人類は直立二足歩行をするのか？　この謎はひとつながりの問題である。

注　種子が堅い殻に覆われている果実を石果（stone）または核果《かくか》（drupe）といい、種子の中身を仁とよぶ。仁は胚《はい》とその成長をささえる栄養を詰めた胚乳《はいにゅう》の総称である。モモやクルミは石果の典型で、ラミーの胚乳の味は、クルミにもっとも近い。石果とよく間違えるのは（私も科学論文でしっかり間違え、他の研究者もいまだに間違えているが）堅果《けんか》（nut）で、これは丈夫な殻に覆われたシイ、カシのドングリのことで、大きな種子が果肉によって守られている石果とは別である。

親指はなぜ太いのか　目次

挿画・笹原富美代

第1章　アイアイに会うために

世界地図を見ると、マダガスカルはアフリカ大陸の東、インド洋の端にあるちっぽけな島にすぎないが、これはアフリカがあまりに大きなためで、マダガスカルはグリーンランド、ニューギニア、ボルネオにつぐ世界第四の大島であり、日本全土の約1・6倍、59万平方キロメートルの広さを誇る。マダガスカルは、独自の生物を乗せた、いわば小さな大陸である。

この島にはゾウやキリンのような巨大な動物たちはいない。しかし、こと霊長類については、優に全世界に匹敵するほどの大小さまざまな多様な種が展開した世界で、19世紀末の動物学者たちは、マダガスカルを特別な動物区系「レムリア」とよぶことを提案したほどである。これはマダガスカルのサルがレムール類ともよばれるためで、レムールとはラテン語の「幽霊」である。それはこの島のサルたちの多くが夜の闇《やみ》にまぎれて活動しているからであり、またそのほっそりした姿がこの世のものとも思えないからでもある。実際、この島の成り立ちとそのサルたちの歴史、その多様性を知ると、彼らは真実、別世界の生命といえる。その代表をひとつ

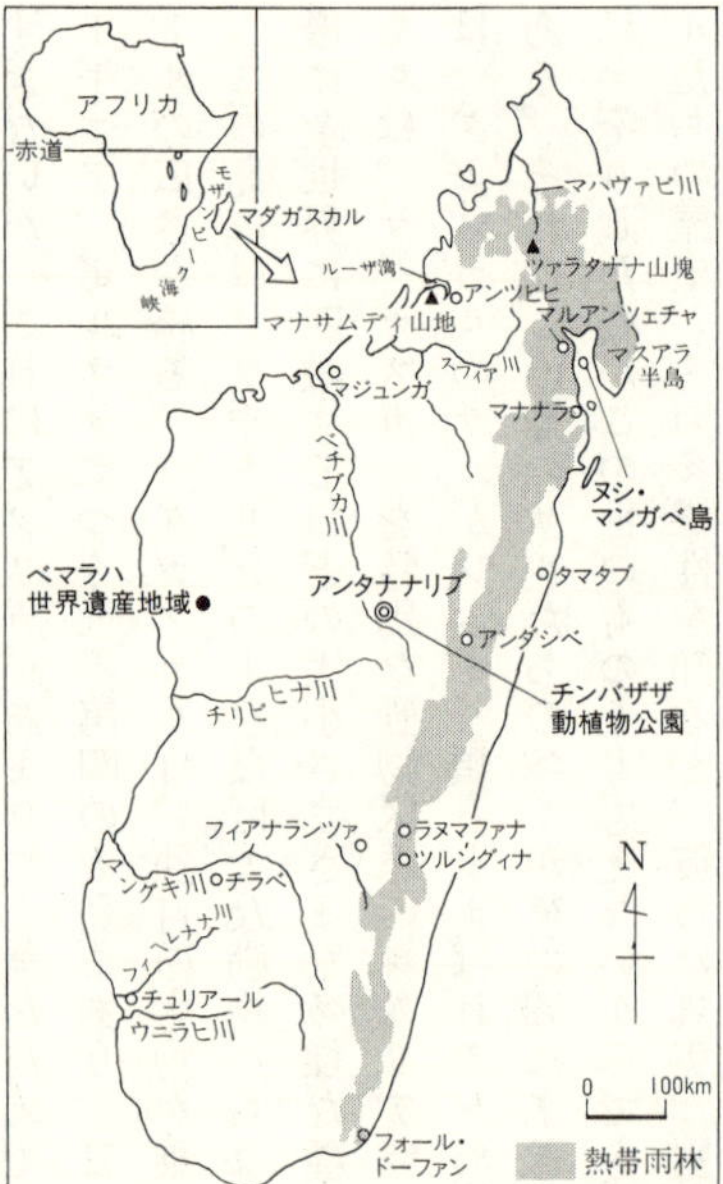

だけ選べといわれたら、今でも私は迷わず、アイアイを選ぶ。

幸運なことに、私が最初にマダガスカルに行くことになったのは、そのアイアイを探しだすという仕事だった。もっとも、誰もその成功を期待はしていなかったが。

私がはじめてマダガスカルに渡った1983年当時、アイアイの消息は「不明」となっていた。社会主義化したマダガスカルは、鎖国状態となっていてまったく情報が得られず、世界3大珍獣のひとつと喧伝《けんでん》されたこの特異なサルは絶滅したかもしれないと考えられていた。

アイアイとは原猿《げんえん》類の1種である。霊長類（霊長目）は、原猿亜目（原猿類）と真猿《しんえん》亜目（真猿類）のふたつの亜目に分けられている。真猿類にはアジア、アフリカ、中南米のほとんどのサルたち、チンパンジーやニホンザルや人間が含まれるが、原猿類はマダガスカルの7つの科（現存するコビトキツネザル科、キツネザル科、メガラダピス科、インドリ科、アイアイ科と絶滅したパレオプロピテクス科、アルケオレムール科であり、これらをまとめてレムール類とよぶ）およびアフリカとアジアに分布するロリス科の総称である。

原猿類の特徴には、櫛《くし》状の歯や鉤爪《かぎづめ》、そして眼窩《がんか》後壁（眼を入れる骨の壁）が完成していないことなどがあるが、これらには例外もあって、いちばんはっきりしているのはその嗅覚《きゅうかく》の発達を物語る鼻の部分である。鼻の穴のまわりの毛のない部分、いわゆる鼻鏡《びきょう》に分泌腺《ぶんぴつせん》があって濡れており、鼻腔《びこう》の部分が大きく、嗅覚に対応する脳の部分も広いのが原猿類である。原猿類は曲鼻《きょくび》類、真猿類は直鼻《ちょくび》類ともよばれるが、これは原猿類と真猿類を分ける区別点に鼻の穴の形を利用したものである。原猿類では鼻の穴の形が英語のコンマを逆にした形（•）であるのにたいして、真猿類では円形だというもので、これが曲鼻と直鼻の和名の由来である。[1]

原猿類を実際に見ると、私たちが見慣れたニホンザルとはあまりに外観がちがっていて、これがほんとうにサルだろうかと思う。そのバラエティーは多様で、握りこぶしに満たない大きさのネズミキツネザルから、10キログラムちかいインドリまで通覧すると、とても同じ仲間であるとは思えないほどである。アイアイはそのなかでも、他の原猿類と驚くほど形のちがったサルであり、原猿類の世界をさらに深く複雑なものにしている。

1　原猿類の歴史とマダガスカル

マダガスカルのサルを理解するには、1000万年単位の超時間感覚が必要である。それは、私たちの日常の時間感覚とはまったく異質のものといえる。

霊長類の化石で知られているもののうち、もっとも古いものは、まだ恐竜類が繁栄していた中生代白亜紀後期、6700万年前の北アメリカのプルガトリウスだが、実際には中生代末期の1億年前から8000万年前には霊長類が出現し、原猿類もまた8700万年前には出現していたと考えられている。

6500万年前に恐竜時代が突然の終幕を迎えるとともに哺乳《ほにゅう》類の時代(新生代)がはじまり、暁新世《ぎょうしんせい》中期の6000万年前には北アメリカとヨーロッパで原始的霊長類のプレシアダピス類が現れた。

始新世(5500万年前~3800万年前)のはじめには、霊長類の祖先はすでにアダピス科とオモミス科とに分化していた。現在の原猿類はアダピス科を、真猿類はオモミス科をそれぞれ祖先としているとされる。分子遺伝学的研究によれば、ロリス類とレムール類(マダガスカルの原猿類)との分岐は6200万年前に起こり、レムール類の放散(さまざまな系統に分かれること)は5400万年前、イタチキツネザル類、コビトキツネザル類、インドリ類、キツネザル類の放散は、始新世の中期(4650万年前~3790万年前)に起こったようである。

最近、パキスタンの3000万年前の地層から、キツネザル下目コビトキツネザル属にごく近縁のブグティレムールの歯の化石が発見された。パキスタンを含むインド亜大陸は、中生代には南方超大陸ゴンドワナ(南米、アフリカ、マダガスカル、南極、オーストラリア、インド半島)の一部で、マダガスカルや南極大陸ともつながっていたが、8800万年前にはマダガスカルと分離して北上し、2000万年前にはアジア大陸にぶつかってヒマラヤ造山運動を起こす。つまり、3000万年前のパキスタンでコビトキツネザル科のサルが見つかったことは、レムール類がマダガスカルとインド亜大陸の双方にひじょうに古い時代に生きていたことの証明である。

インド亜大陸で絶滅し、マダガスカルに今もなお生きているコビトキツネザル類は、その起原が3000万年以上前にさかのぼるほど古いものであり、ほとんど同じ形のままマダガスカルで生きつづけている。

原猿類たちとメガネザル類は中新世（2500万年前〜510万年前）まで北アメリカとユーラシア大陸に生きていたが、その後ほとんどの地域で姿を消した。哺乳類の時代である新生代は哺乳類の爆発的放散があった暁新世から漸新世《ぜんしんせい》までの前期と、新しい哺乳類の種が生まれる中新世からの後期に、大きくふたつに分けることができる。霊長類の歴史からみると、それは原猿類の時代の終わり、真猿類の時代のはじまりである。

しかし、マダガスカルは別である。この霊長類全体の歴史とかかわりなく、原猿類は新生代6500万年間の全期間をとおしてこの島大陸で繁栄し、現在に至っている。マダガスカルは中生代には南方超大陸ゴンドワナの中央に位置していたが、恐竜の時代の1億6000万年前にはアフリカ大陸から分離し、8000万年前には他の大陸からも離れて（インド・マダガスカル連結大陸、すなわちレムリア大陸がいつ、ほんとうに完全に分離したかについては、まだわかららないところがあるが）、恐竜時代最後の大絶滅を生き残った動物たちの特別な世界として、他の大陸とまったくかかわりなく6500万年間を歩みつづけたのである。

マダガスカルに生きているサルたちは、進化の極致であるとも止まった時を刻みこんだ古いタイプであるともいえる。それがアイアイたちである。「暁新世（6500万年前〜5500万年前）のプレシアダピスは多くの識者が指摘してきたように、その歯のパターンはアイアイのそれに驚くほど似ている」と、原猿類の専門家マルチン（R. D. Martin）はいう。[2] 私たちはこれらのサルたちを見るとき、数千万年という時の堆積を同時に見ることになる。

2 アイアイとは？

原猿類という亜目は、これまでふたつの下目、マダガスカルのキツネザル下目とアフリカ・アジアのロリス下目に分けられ、アイアイはキツネザル下目に入れられてきた。しかし、アイアイがあきらかに他のサルとはちがうことは霊長類形態学の常識となり、染色体の研究でも「マダガスカルのレムール類は同じ起原をもっているが、アイアイ科と他のレムール類とは別の枝を構成している」ことがわかった。[3] このために、現在では新たにアイアイ下目をつくって、原猿亜目をキツネザル下目、アイアイ下目とロリス下目の3つのグループに分けている。それほどにアイアイは他のサルとは異なっている。

アイアイの指

アイアイの指は霊長類の手としてはまったく例外的な特別なものである。

第一に目につくのは、中指の細さである。さまざまな動物学者がこの指を「針金のような」とか、「曲がったワイヤーのような」と形容しているほどの特別な形をしている。

第二の特徴は、指が長いことである。親指は3・9センチメートル、人差し指6・8センチメートル、中指8・7センチメートル、薬指10・6センチメートル、小指でさえ7・6センチメートルもある。この指の長さは、人間の指の長さとほとんど変わらない。アイアイは体重3キログラム弱、頭胴長50センチメートルの小型の動物だから、実際にアイアイを見ると、手の先に別の何かをくっつけたようで、指のお化けのように見える。また、その薬指は中指の細さを埋めあわせるように長く太い。

アイアイ（*Daubentonia madagascariensis*）　マダガスカル固有の原猿類で1科1属1種の非常に特別な形をしている．細い中指は枝をまったくつかんでいない

第三の特徴は、中指の構造の特殊性である。人間を含めて、サル類ではふつう手のひらと指の部分は別になっている。この手のひらには指の骨に似た細長い骨が指の数だけそろっているが、これを中手骨《ちゅうしゅこつ》とよぶ。アイアイは中指に続く中手骨が手のひらから1センチメートルも突き出していて、ごく細い指の骨と連結している。しか

も、この指の関節部分は軟骨で連結されていて、前後左右に自由に動くようになっている。驚くことに薬指の関節も同じタイプで、その他の指の関節は人間のように前後にしか曲げられない。そして、中指と薬指だけが食物を掬《すく》い取って食べることに使われる。

第四の特徴は、この中指の爪《つめ》が異常に細いことである。指先の爪の幅は、親指3・9ミリメートル、人差し指2・7ミリメートル、中指1・4ミリメートル、薬指3・2ミリメートル、小指3・8ミリメートルであり、中指の爪は、極端に細い。

第五の特徴は、指先の肉球《にくきゅう》の太さである。オーウェン(注)の論文はアイアイの形態についてのひじょうに詳しいはじめての論文であるが、なんといってもモーリシャスで塩漬けにされ、喜望峰を回る長い船旅の果てに届いたものである。生きている状態での指先の描きかたには無理がある。この点で発表時期こそオーウェンに3年遅れをとったが、ドイツ人霊長類学者ペー

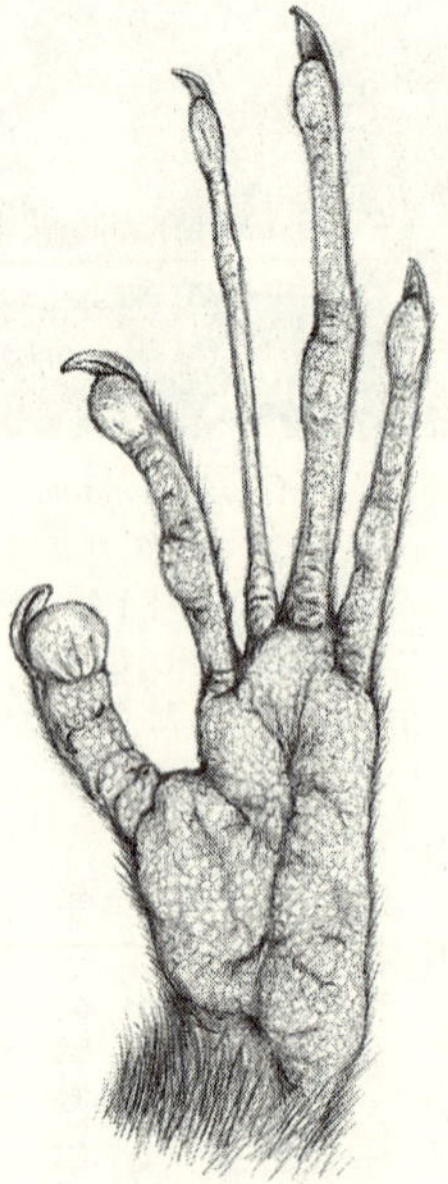

アイアイの手　指先の爪はすべて尖った鉤爪である．中指は針金のように細い．その基部は独特の構造をもつ．手のひらから中手骨が突きだして，指の骨とのあいだに自在継ぎ手のような関節を作っているが，図のなかで細い中指の付け根のやや太くなった部分が，その関節である．薬指はもっとも長い．親指の太さにも注目されたい

テルス（Wilhelm Peters）の手の図はあきらかに優れている。[4] その大きな耳のデッサンと並べられた手と足の細密画は、指先の指紋まではっきり描かれた最高の作品である。この図では親指、人差し指、そして小指にはその先端に目をみはるほどの大きさの肉球があるが、中指はもちろん、薬指の肉球も発達していない。むろん、これにははっきりした生存上の意味がある。

そして最後に、アイアイの親指は例外的に太い。人の指を見ていると、手の親指は太いのが当たり前だと思うが、サルたちを見るとそれは例外である。

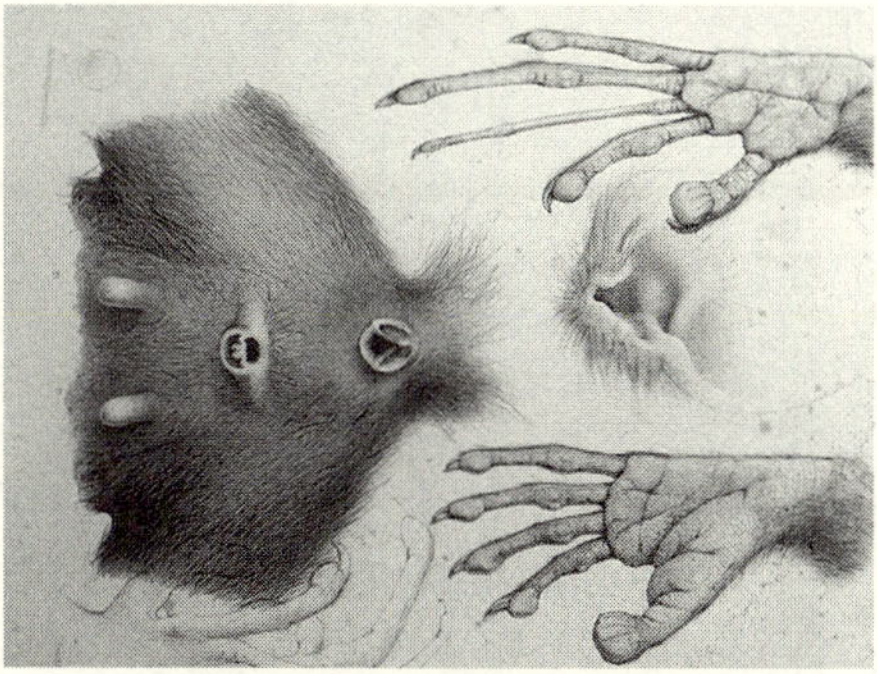

アイアイの手の細密画　図中，上が手，下が足．間に薄く耳が描かれている．左はメスの会陰部でその左側に見えるのが乳首である（引用文献４）

今までアイアイの中指の細さだけが強調されてきたが、こうしてみると中指だけでなく手の指全体の構造の特別さがきわだって見えてくる。このような特別な指は何のためだろうか？

注　リチャード・オーウェン（Richard Owen）は19世紀のイギリス人比較解剖学者である。ダーウィン（Chares Robert Darwin）は『ビーグル号航海記』のはしがきで、「オーウェン教授」が「ビーグル号の航海の動物学」で「化石哺乳類」をとりまとめたことを述べている。オーウェンはモーリシャス総督サンドウィズから贈られたアイアイの標本について精密な解剖を行い、１８６３年に「アイアイについて」という論文を出してアイアイの分類上の位置を決定した。

アイアイの切歯

アイアイの特別さは、手の指だけではなく、その歯にもある。アイアイの歯式《しき》は i 1/1, c 0/0, pm 1/0, m 3/3×2＝18である。これは上顎《うわあご》の片側に切歯《せっし》（前歯）が１本あり、犬歯《けんし》がなく、小臼歯《しょうきゅうし》１本、大臼歯３本があり、下顎《したあご》の片側には切歯１本、犬歯と小臼歯がなく、大臼歯が３本あることを示す。これは霊長類の歯としてはまったく例外的なもので、リス・ネズミ類とほとんど変わらない。

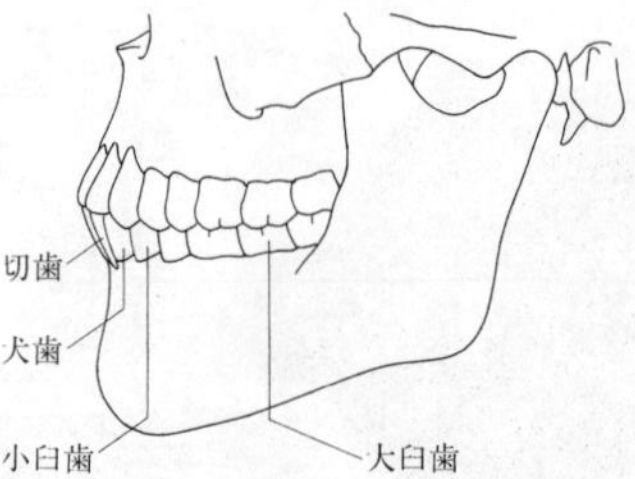

ヒトの歯　歯列を横から見ると歯式がよくわかる．ヒトの平らな歯列とアイアイの大きな切歯は，霊長類のなかで対極をなす独特のものである

注・歯式について　哺乳類の歯を比較するためには歯式が便利で、人間は i 2/2, c 1/1, pm 2/2, m 3/3×2＝32と示す。iは切歯（前歯、incisor）、cは犬歯（糸きり歯、canine）、pmは小臼歯（premolar）、mは大臼歯（奥歯、molar）であり、それぞれについて上顎と下顎の片側の数を示したものを歯式という。歯の形はその動物が食べる食物がなんであるかを示す重要な証拠だが、歯式はその動物の分類上の類縁を数字でごく客観的に示すことができるので、ひじょうに重宝である。ちなみに、ニホンザルもゴリラやチンパンジーもその歯式は人間とまったく変わらない。

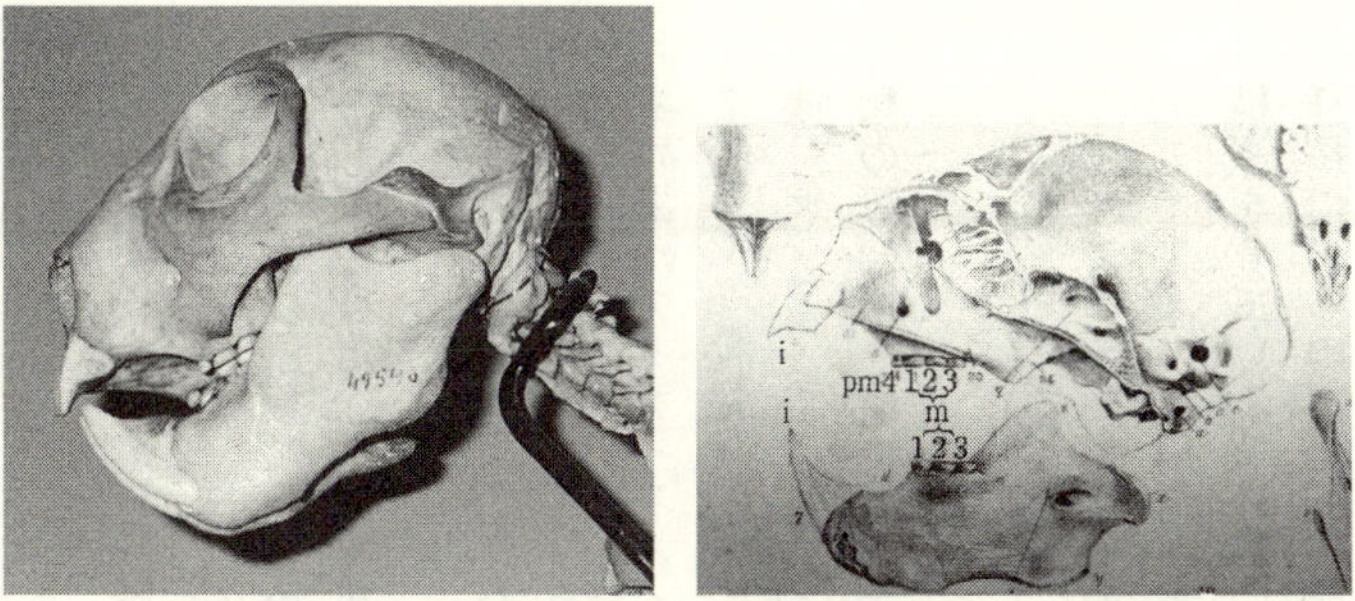

アイアイの歯　左はアメリカ自然史博物館に展示されているアイアイの全身骨格の頭骨部分．右はオーウェンの論文中の頭骨切断面と下顎で，上下１本ずつの切歯の大きさがよくわかる．犬歯はない．この強大な切歯にくらべるとアイアイの臼歯はつけたりのように小さい

歯式がちがうことがどれほど大きな問題であるか、よく示している。

アイアイの切歯は生涯伸びつづける特殊なもので、リス・ネズミ類に似ていて、他の霊長類にはまったくない。しかも、アイアイはリス・ネズミ類と同じように、下顎の切歯を左右片側ずつ動かすことができる。

このようなリスに似た歯をもっているにもかかわらず、アイアイを霊長類に分類したオーウェンは、つぎのようにいう。

「アイアイの下顎の大きな切歯は、有袋《ゆうたい》類クスクス科オポッサムモドキの下顎の切歯に似ているし、アイアイの上顎のノミ状の切歯も有袋類のウォンバットのそれとよく似ている。しかし、アイアイの切歯はそれらのどれよりもリス類に似ている。だが、リス類の切歯にくらべるとずっと厚みがない。このいわば両側から押し潰《つぶ》されたような形は、霊長類インドリ科のシファカの切歯やキツネザル科の犬歯に似ている[5]」

この指摘はアイアイの新生児の歯の研究からも支持されている。新生児のレントゲン写真では、切歯は原猿類一般の櫛歯《くしば》（細い切歯と犬歯が並んで櫛のように見える）のタイプで、アイアイももともとは原猿類共通の櫛歯タイプつまり、「両側から押し潰された形」の切歯をもっていたのである。

面白いことに、このような歯は新生代の初期のサルの祖先に見ることができる。暁新世に北アメリカとヨーロッパにいた霊長類のプレシアダピスは、齧歯《げっし》類の祖先とも見られているが、その歯はアイアイそっくりである。クルテン（B. Kurtén）はその名著『哺乳類の時代[6]』（1971）で「奇妙なことに、これらの（霊長類の祖先の）種類のあいだではにせのげっ歯類の状態（伸びつづける切歯のこと）に向かう傾向がほとんど普遍的なように思われる」と述べ、原猿類の専門家マルチンもまったく同じようにいっている。

アイアイの臼歯の謎

アイアイの臼歯はその切歯にくらべて不釣りあいなほど小さく単純だとオーウェンはいう。

「アイアイの大臼歯の歯冠《しかん》（歯の見える部分）は、霊長類の特徴である簡単な構造で、複雑な構造をしているリス類の臼歯とはまったくちがっている。この大臼歯の歯冠のちがいは食物の種類によるのだが、生態のデータがないので、今はこれ以上のことは言えない」

19世紀の論文をここまで読んできたとき、私は何度も感動で鳥肌が立った。専門家というものはここまで鋭いし、これほどにまで言えることと言えないことをはっきり知っている。オーウェンの論文を引用して、アイアイを昆虫食だと簡単に言ってしまう追随者たちとはまったくちがった専門家の巨大な姿が、この文章の背後に立ち上がっている。

アイアイには犬歯がないし、小臼歯さえ痕跡的で（下顎にはない）、大臼歯もごく小さい。この歯の形こそ、アイアイが何を食べて生きているのかを指し示すが、その点についてオーウェンは「生態のデータが必要」と留保する。これが専門家である。

そして、ほんとうに幸いなことに、私はオーウェンが留保した「生態のデータ」を、その120年後に世界ではじめてあきらかにする幸運に出会ったのである。

アイアイの食物

しかし、野外でアイアイを見たのは私が世界初であるといえば嘘《うそ》になる。1984年、第二回目のヌシ・マンガベ（マダガスカル北東部の島で全島が特別保護区）調査の直前に、すでに外国人チームがアイアイを観察したという噂《うわさ》を聞いた。そのときには彼らがどういう観察をしたのかは知らなかったが、翌年に出た論文によればイギリス人霊長類学者ポロック（J. I. Pollock）たちのグループは海岸で野生のアイアイがインシン（マメ科）の樹皮をかじるのを見ていたのである。(7)

「すでにペテ（J-J. Petter）はアイアイがインシンの木の樹液を食べると言っている。しかし、実際には樹液を舐《な》めるのではなくて、樹皮にできたコブそのものをかじり、その下を食べていた」と彼らの観察は確実である。しかし、その解釈は別の方向に進んだ。

「ペテはアイアイは昆虫の成虫も脊椎《せきつい》動物も食べないと言っているが、インシンの木のコブに昆虫やカエルなどがすみついていることを見ると、これらを少なくとも偶然に食べることは考えられる」と結論してしまった。

この結論ははっきり間違いである。マダガスカルの現生原猿類で最大種であるインドリの先駆的研究者であるポロックと世界的自然保護団体であるコンサーベーション・インターナショナルの責任者として著名な霊長類学者ミッターマイヤー（R. A. Mittermeier）たちが名前を連ねたこの論文にしては、なんたることかと思うけれど、誰もがオーウェンであることは、ほんとうにむつかしい。

もっともこうなるには、いくらかわけがある。第一は、アイアイがじつに観察しにくい動物だということがある。アイアイは密林の暗闇にすむ黒い毛の動物だから、よほど注意しないと観察できないし、幸運に恵まれてもごく短時間の観察しかできない。ポロックたちも観察したのは1晩だけで、それも45分間でしかなかった。他のサルなら45分間の観察で12ページもの論文を掲載する学術雑誌はないだろうが、そこがアイアイのアイアイたるゆえんである。

第二は、あまりにも有名になったカートミル（M. Cartmill）による仮説のためである。[8] カートミルはキツツキ類の全世界分布図をまとめ、「マダガスカルのアイアイとニューギニアのフクロシマリス属（*Dactylopsila*）は、いずれもキツツキ類が分布していないところで、木のなかにすむ昆虫の幼虫を食べている」と言って、「アイアイとフクロシマリスのニッチはキツツキと同じである」とした（「ニッチ」については、22ページ以下を参照のこと）。そして、アイアイとフクロシマリスの頭の骨や歯の形が似ていると説明するのである。形態学者が生態学の核心に踏みこんだこの異例の論文は、「アイアイのキツツキ仮説」として、長く影響力を保つことになる。

この仮説はアイアイの野外研究がない時代に提案されたにもかかわらず、アイアイのユニークな形をその食物から説明し、そのニッチをあきらかにしたために、その後のアイアイについての説明の根本経典のようになってしまった。野外観察がなかったために、いつの間にかアイアイは昆虫食だという話になり、それなら脊椎動物も食べるだろう的ないい加減な話まで（むろんこれはカートミルのせいではないが）広がってしまった。この風潮に毒されて、ポロックたちが「カエルも食べるだろう」と言ったのである。いっぽうの権威たちがこういうことを言うとそれに肩入れする追随者は増えてくる。後には、アイアイがカエルをたくさん食べるためにはどうすればいいか、という考察まで広がるのである（この議論の詳細を知りたい方は、拙著『アイアイの謎』[9]を参照されたい）。

3　アイアイの主食と手と歯の関係

では、ほんとうのところアイアイの食物は何なのか？　私の3年間の調査では、アイアイがなにかを食べているのを観察した時間は17時間と1分（1021分）だったが、ラミー（カンラン科 *Canarium* 属）の果実はその60パーセントを占めた。その他にはインシン（マメ科 *Afzelia* 属あるいは *Intsia* 属とも）の樹皮裏（35パーセント）、ムンギ（トウダイグサ科 *Macaranga* 属）とよばれる木の花の蜜《みつ》（3パーセント）、昆虫の幼虫（1・4パーセント）、モダマ（マメ科 *Entada* 属）の豆（0・1パーセント）だった。ほかの研究者によるこの食物リストへの追加は、ひじょうに少ない。タビビトノキ（ゴクラクチョウバナ科 *Ravenala* 属）の花の蜜、ムンギの茎に生えたキノコ、アリ[10]およびココナツ（野生種ではない）である[11]。

だが、キノコやアリを食べたという報告は、ちょっと信じられない。

ラミーとはマダガスカルの水辺を代表する巨木で、全土に3種が分布する。その種子は、熱帯雨林産のボアビニ種の大きいものでは長さ3・5センチメートル、直径2・5センチメートルにもなり、その殻はクルミのように堅いうえに厚さが最大では4ミリメートルにも達する。アイアイは、この大きな種子の長軸の先端をその鋭い切歯で削り、1・2センチメートルも割り開けて、中の胚乳を中指で取り出して、口のなかに注ぎこむようにして食べるのである。この種子の胚乳は脂質の割合が54・2パーセントと多く、100グラムあたり584キロカロリーと、クルミとほとんど同じカロリーで、しかも味もそっくりである。

私はマダガスカルのほぼ全土を歩いて、アイアイの生息するところにはラミーがあることを確かめ、ヌシ・マンガベのような熱帯雨林ではラミーだけでも必要とするカロリーを取ることができるのを確認した。アイアイはラミーを主食としている。

ラミーの食べかたのポイント

アイアイはラミーの果実を1個噛《か》み取ると大枝に腰を落ち着け、果実を両手でしっかりと握る。そして果実の先端の果肉を剝《は》ぎ、吹き飛ばし、現れた種子の先端を切歯で削り開ける。こ

(上)ラミーの木で採食中のアイアイ
(中)ラミー実の食べあと 左右は剝ぎとった果肉
(下)ラミーの実と葉

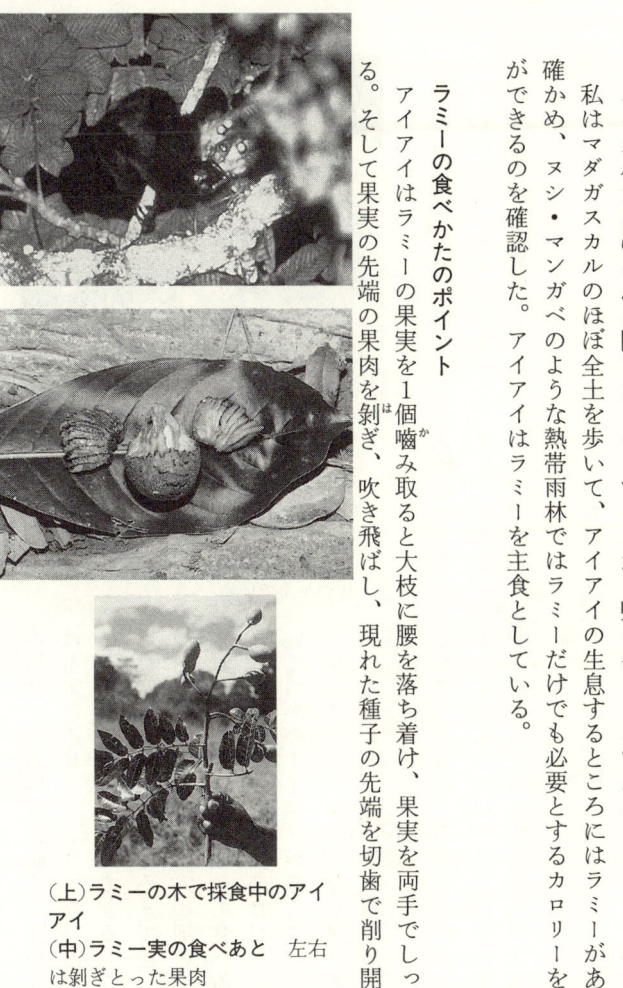

ラミーの実の食べかた　すでに種子を削り開けた段階で，左手の中指を種子のなかに差しこんでいるが，その中指は口のなかを通している．右手はラミーの実をしっかりつかんでいる

の場合、左右別々に動く下顎の片方の切歯は重宝な道具で、より少ない力で鋭い切れこみを殻に刻むことができる。こうして開けた穴に両方の歯をそろえて差しこんで、殻を割り開ける。この穴に細い中指を出し入れして中身を掬い取って食べるのである。

　このアイアイの独特の食べかたと形には、いくつかのポイントがある。

　第一のポイントは、堅い種子の殻を削り開けるため、下顎の奥に根を広げ生涯伸びつづける構造の強力な切歯である。カートミルがアイアイとニッチが同じと言ったフクロシマリスの歯は、アイアイの切歯とは比較にならないほどちゃちなものであり、むろんアイアイタイプの生涯伸びつづけるものではない。しかし、注目してほしいのは、これほど強力な切歯は、食物を獲得する道具として重要なだけで、実際に咀嚼《そしゃく》するための歯は他の霊長類に例がないほど貧弱な臼歯だという点である。

　第二のポイントは、指で掻《か》き出した噛み潰すこともほとんど必要のないラミーの胚乳に対応する貧弱な臼歯である。アイアイの臼歯の形の意味を知るためには「もっと生態のデータが必要」と喝破したオーウェン教授に私たちは胸を張って答えることができる。「例外的に小さな臼歯は、咀嚼する必要がほとんどないほどやわらかいラミーの胚乳のためです」と。

第三のポイントは、直径2・5センチメートルの種子を含む直径3センチメートルの果実をしっかり握りしめるタイプの指である。アイアイは果実に両手を重ねて巻きつけてしっかり固定する。そうしないと、ペンチでは割れないほど堅い殻を歯で削ることは不可能である。そのためには、どれほどの長さの指が必要だろうか？

直径3センチメートルの果実の周囲は9・42センチメートルとなる。親指と小指の長さの合計は11・5センチメートルで、十分に巻きつくだけの長さがある。ネコほどの体に人間と同じ長さの指はあきらかにアンバランスだけれども、ラミーを食べようとすれば、その指の長さが絶対に必要だとわかる。

第四のポイントは、ラミーの果実を握りしめるための太い親指とその大きな肉球である。アイアイの手の骨についてはオーウェンの精密な図があり、それを利用して親指の太さを知ることができる。親指の中手骨の先端（つまり指の付け根にあたる部分）の太さは、中手骨の長さの40パーセントに達する。これは人間の割合よりも大きく、アイアイがどれほどしっかりとラミーの果実を握りしめなくてはならないかを示している。親指が他の指に向かいあう対向性は、アイアイでは主食に対応する必要な形であり、それぞれの指の先端の大きな肉球は、握りしめ効果を高めるために必要なすべりどめ装置である。

第五のポイントは、細い中指である。中指の先端はごく細い爪で終わっており、肉球はなく果実を握りしめるためには、まったく役に立っていない。しかし、ラミーの種子に開けた小さな穴から胚乳を掻き出すためには細い中指が必要で、中指の先端が1・4ミリメートルほどの細さの爪である理由はここにある。また、もっとも長い薬指も先端の肉球は他の指ほどではない。薬指も採食に使う道具としての役割があるからである。

第六のポイントは、中指と薬指の自在継ぎ手の関節である。それらの関節は上下左右に動く自在継ぎ手になっている。整形外科では折れた骨を強化するために、骨髄に鉄を差しこむことがあるが、そのとき脂肪で満たされた骨髄の管状の空間から脂肪を完全に掻き出さなくてはならない。このためには硬い骨のなかの狭い空間で道具を回転させなければならないが、この動きを「リーマ」（刳《く》り掻き出し）という。アイアイの中指の関節の自在継ぎ手は、指の先端を回転させて掻き出す「リーマ」能力を備えている。

この関節の構造は、薬指にもある。飼育しているアイアイを見ると、ココナツを削り開けた後、内部を突き崩すのに使ったり、パパイアやバナナを掬い取るのに薬指を使うが、野外ではもっとほかの使いかたがあるのだろう。飼育しているアイアイはハチミツをひじょうに好むが、聞き取り情報ではアイアイはハチの巣を壊してハチミツを食べるという。このときには、薬指は重要な道具となるだろう。

第七のポイントは、中指による打診である。アイアイのごくごく特別な中指の構造は、食物を掻き出すだけでなく、食物を叩《たた》いて、その中身の状態を知る道具としても使われている。コウモリに似ている大きな膜状の耳は、その中指がつくる反響音を聞く聴診器である。こうしてアイアイは堅い殻に覆われたものの中身を探ることができる特異な能力をもって、見えない食物を探りあて、鋭い切歯で削り開け、繊細な中指で掬い出すことができる一連の採食システムを完成したのである。

もちろん、果実が熟しているのかどうか、食べられる虫がいるのかどうか、を探すための道具としては、嗅覚が発達しており、最初の食物の捜索は嗅覚を頼りにしている。しかし、アイアイが食物を食べるプロセスでもっとも特徴的なのは、食物の特別さに対応した指と歯の特殊化である。

4　ニッチと主食

私はこのようなアイアイの特異な主食と手と歯の関係から、カートミルの「キッツキ仮説」にたいして、「アイアイ＝リス仮説」を提唱した。マダガスカルに空白のニッチがあるのはキツツキ類ではなく、リス類だという説である。もちろん、アイアイがラミーを主食とするためには、リス類にはない細い中指が必要で、アイアイにはアイアイ独特のニッチがあることは当然である。しかし、強いて似たニッチを占める動物を探すなら、キツツキではなくてリス類であること、アフリカやアジアには数十種ものリス類がいるが、マダガスカルにはリス類がまったくいない点を指摘したのである。

ニッチ概念について

ここでニッチという言葉について、誤解を避けるためにいくつかの点をあきらかにしておきたい。

ニッチ（niche）は、もともとは「壁龕《へきがん》（物を置く壁のくぼみ）」、「適材、適所」を意味する言葉で、チャールズ・エルトン（Charles Elton）がその『動物の生態学』（渋谷寿夫訳、1955）で「（ニッチは）その動物の生物的環境における位置、その食物ならびに敵にたいする諸関係、をいみする」と定義した。ニッチのキーワードは「食物」であり、「動物共同体内の関係の多くは食物関係である[12]」。このことはどんなに強調してもしすぎることはない。エルトンはニッチ概念を提案したことで、生態学の重要な課題をほとんど一言で言いつくしてしまった。

ニッチ概念は、ダーウィン以来の生物学にとって革命をもたらす重要なアイデアであり、ニッチ概念によってはじめて、ある動物種がどんな生活者なのかという問いに答えることができるようになった。

エルトンは、あれこれの例をあげてニッチを説明しているが、その例のなかであとあとまで影響をあたえ、またもっともよく知られているのはホッキョクギツネとハイエナとのあいだのニッチの類似についての説明である。

「極地には極地ギツネ（ホッキョクギツネ）がいる。それはとりわけ、ウミガラスの卵を食べて生きているのだが、冬になると、シロクマののこした残り物で、ある程度まで、生命をつないでいる。熱帯アフリカに転じてみると、マダラハイエナ（ブチハイエナ）はダチョウの卵を食い荒らし、ライオンの残したシマウマの残り物で生きているところも多い。極地ギツネとハイエナとは、こうして、同じふたつのニッチを、前者は季節的に、後者は1年中占めているわけである」

さらに具体例をあげたあとで、エルトンの名を学問の世界に残した独創的なアイデアが語られる。「世界のとおくはなれた部分にすんでいる動物のあいだに、同じような職業を占めようとする傾向があることを、これらの例は示している」と。これがニッチである。輝くようなアイデアが、世界を照らしだす。大型草食動物につく寄生虫をとるという職業には、アフリカではダニドリが、イギリスではムクドリが、ガラパゴスでは真紅の陸ガニがついていると言う。

このアイデアは動物の世界の成り立ちを、あざやかに示した。動物の世界は混沌《こんとん》とした闘争の世界ではない。それぞれの職業ともいうべき位置がきまっている世界なのだ。ある動物がつく職業ともいうべきもの、それがニッチである。しかも、それは世界共通である。

ただ、当時の動物生態学の未熟さから、上記の例でもわかるようにエルトンはそれぞれの種についてあまりにも粗いとらえかたをしていた。そのためニッチ概念はその後粗略に扱われる傾向があり、動物の生息環境一般として理解されていたりする。それは、エルトンにも問題がある。エルトンは形態には無頓着《むとんじゃく》な生態学者だったようで、ニッチと動物の形との関係をほとんど何も語っていない。そのためにニッチという概念がもつ破壊力、つまり現実を解明する攻撃力を削ってしまった。

エルトンが見のがしたのは、同じニッチについている動物の共通の形である。それは、同じものを食べる異なった種がもっている同じ道具についての理解である。動物のニッチと形という領域まで踏みこむのは、生態学という新しい学問の分野を開発しなくてはならなかったエルトンにとっては、焦点を分散させてしまうことだったのかもしれない。しかし、動物の形、しかもその食物に関係する形こそ、ニッチにとってなくてはならない要素である。

動物の形が焦点になってこそ、ホッキョクギツネ（体重1・4〜9キログラム）とブチハイエナ（体重40〜86キログラム）のニッチの類似とちがいが、もっとあきらかになる。ブチハイエナのハンマーのように大きな臼歯は、ホッキョクギツネにはない。食物を嚙み砕く道具のこのようなちがいは、これらのふたつの種があきらかにちがうものを食べていることを示している。ブチハイエナの主食は100キログラムを超すウシ類のヌーであり、ホッキョクギツネの主食は夏のあいだは小さなネズミ類のレミング（ハタネズミ亜科）である。ホッキョクギツネはむしろタヌキに似ていて、アフリカの動物の世界ではイヌ科のジャッカル類（4種、体重6・5〜15キログラム）のニッチに対応するだろう。ことにエチオピアのアビシニアジャッカルは小型のネズミ類（アフリカタケネズミ属など）を主食としていて、ホッキョクギツネのニッチにもっとも近い。

エルトンの時代には、これらのけものたちについての情報は少なかったのだから、間違いは大目にみなくてはならないだろう。しかし、今では動物生態学は、ニッチを確実に理解できる。そこではホッキョクギツネとジャッカルのニッチが同じといえるし、それによってそれぞれの種の形（体重も形の要素である）と社会構造の一定の枠組みまで類推できるほどである。

だが、ニッチはもっと単純に定義することが必要だと私は思っている。何を食べるか、が問題なのではない。何を食べることにその生存を頼っているか、である。

カートミルの「キッツキ仮説」にたいして、「リス仮説」からふみこんで「ラミー主食説」を私は提唱するが、これはアイアイの主食が何であるかがニッチの焦点であることを示すためだった。キッツキとアイアイは木のなかの昆虫の幼虫を掘り出して食べるという点で、リスとアイアイは石果の仁を食べるという点で、それぞれの食性が似ているといえる。しかし、キッツキは昆虫の幼虫が主食なので、石果の仁を主食とするアイアイの食性とはまったくちがっている。また、「リス」とは齧歯目《げっしもく》リス科の51属272種、体重10グラムから4キログラムまでの幅広い動物群の一般名であり、アイアイと1対1でのニッチの比較はできない。しかし、マダガスカルにこの動物群が欠けているのは事実で、樹木が大量に実らせる果実のなかの堅い殻に守られた種子、石果を削り開けて食べるニッチはアイアイとリスでは共通である。

だが、ニッチはさらに細かく分割される。マダガスカルのラミーの石果は、継ぎ目のない厚い殻に守られているという特別なものだったために、これを主食にするアイアイは体の形、ことにその歯と指の形をラミーに対応させて特別な形に変えている。リス類にない特別な指はこの主食のためで、それほどに主食はアイアイの形を決定している。

同じように新葉食者で部分的に果実食者のニッチは、マダガスカルではインドリ科、アフリカではコロブスモンキー類が占めている。しかし、インドリ科が3属に分化しているのにたいして、アフリカではコロブスモンキー属1属にすぎず、マダガスカルとアフリカでの新葉食者の霊長類のニッチの歴史的深さがちがっていることを示している。マダガスカルでは同じようなニッチを利用するサルが、アフリカよりも長い歴史のなかで少しずつニッチを分けてゆき、リス類にたいするアイアイのように、マダガスカルに適した新しいニッチを創出し、属という目で見てわかるほどの形のちがいに至りついているのである。

いっぽうエルトンが言うこととはちがって、動物の「その敵」がニッチに影響することはない。なぜなら、捕食者は生態系を変えることはないし、被捕食者はニッチを変えて捕食者から逃れる方策を開発することもない。つまり、主食のみがその動物の形を変える。また、それは競争者との関係も決定する。

ニッチに関してはじつにいろいろなとらえかたがされてきたが、主食を開発し、そこに自分の生きる位置を確定した動物にとっては、熱帯雨林や乾燥森林という大きな環境のちがいもほとんど意味をもたない。その異なる環境条件のなかで同じような主食を探しだすことさえできれば、彼らはそこで同じニッチに生存できる。むろん、その場合には地理的変異として種分化が起こるが、姿形に大きなちがいはない。つまり、種分化には2通りの道がある。地理的隔離による種分化とそれ以上に根本的な新しい主食、新しいニッチの形成による種分化である。同じように種をつくるといっても、両者には大きなちがいがある。それほどに主食は決定的な要因である。そこでエルトンの古典的定義はつぎのように変更できる。

「ニッチとはその動物の生物的環境における位置、その主食にたいする諸関係、を意味する」

こうしてはじめて、ロシアの数理生物学者ガウゼ（G. F. Gauze）による有名な「競争的排除の原理」、つまり「同じニッチを占める競争種間にいかなる平衡状態の存在することも許されず、その内の一方の種が他方の種によって完全に置き換わるという結果になる[13]」という原理が、なぜ成立できるかがはっきりする。「主食を同じくする別の種が、同時に同じ場所にいることはない」からである。

だが、この定義のやり直しがもっと大きな意味をもつのは、それが動物の形の意味を説明できることによる。「主食は霊長類の手（指）と口（歯）の形を決定する」（「口と手連合仮説」）と。もっとも、この関係は霊長類にしかあてはまらないと思うが。

「棲みわけ原理」から「口と手連合仮説」へ

エルトンは生態学者だったので、動物の形の問題にはまったく関心をもっていなかった。しかし、今西錦司《いまにしきんじ》はこの問題についての先駆者であった。彼が遺書のつもりで書いたという『生物社会の論理』[14]（1971）では、まず「生活形というのは、単に生物の形態だけを意味するのではない。生物的自然における生物には、博物館の標本のように、単に形態だけの生物はいない。その形態が生活する、あるいは生活する形態が生物である。生活形とは、かくして、その形態をとおして把握される、その生物の生活様式でなければならない」と生活形というモデルを提唱する。そのうえで「種はそれぞれに、ちがった生活の場を確保し、ちがった生活の場の上に成立している、あるいは、種はお互いに生活の場を棲《す》みわけている。……生活の場がちがえば、その生活様式がちがってくるべきだ、というところから、生活形と生活の場とを結びつけるのである。これを生活形の棲みわけ原理ということができる」と有名な「棲みわけ原理」を提唱する。

だが、この後に続く再度の生活形の説明は頭を砕くほどむつかしい。彼はこうして生き物の形を言いながら、場所と、全体としての種へと思考をシフトさせている。今西錦司は棲みわけ原理の展開に続いて、「カゲロウ幼虫の生活形」というごく個別の事実を取り上げて「棲みわけ原理」に事実の裏打ちをあたえようとする。この個別の事実こそ、今西錦司と「棲みわけ原理」を有名にしたものだが、それをひとつひとつていねいに見てゆくと、ただ8ページにわたる混乱した記述でしかない。そこで今西錦司は「生活形の問題は、けっきょく社会学において解決すべき問題であって、系統学と結びついた分類学の問題ではない」と結論づける。それは、カゲロウという具体的な昆虫について「棲みわけ原理」によって論証しようとすると、結局破《は》綻《たん》してしまったことへの言いわけでしかない。しかし、彼は「社会学」を提唱することによって、まったく新しい展開を準備することになる。もっとも、それは論理とは関係ない。

こうして「棲みわけ原理」は動物の空間的な配置を語って、動物の形の意味に進まず、形を跳び越えて社会へ着地した。それはじつに卓越したアイデアだった。それは世のなかの常識やしがらみを突き破ってしまった爽快《そうかい》な飛躍で、これによってはじめて彼の「動物社会学」が形成された。動物社会学へのこの強引な離れわざなしには、日本の「サル社会学」は成立しなかっただろうし、今西錦司こそ動物の社会学を世界に先駆けて創造した功労者とよぶことは正当である。しかし、それが自然科学を志向していたかというとむつかしい。

今西錦司は動物の「生活形」については、それ以後まったく語ることはなかった。そのために今西錦司は人類の起原を語って、人類の形の特異さを説明することに決定的に失敗した。どうしても解けない人類の直立二足歩行の問題に、彼は苛立《いらだ》ってさえいた。彼はこういうふうに言う。

「では、人類はどうして直立二足歩行するようになったのであろうか。最初にして最後の問題はここにあるのかもしれない。……いまのところ、ある種のサルの進化がある段階まで達したとき、その赤ん坊が立つべくして立ったのである。立つべくして立つことにより人類になったのである、という説明にもならぬことで我慢しているが、この一回きりしか起こらぬ歴史的事件を、ほかにうまく説明できる方法があれば、教えてもらいたいものである」[15]

今西錦司の思想には一貫して食物への関心がなかった。実際に生きている動物が生活しているとき、何がいちばん重要かを知ることができたとしたら「棲みわけ原理」はもう少し豊かな原理になったかもしれない。そのとき、種は空間を分けて生活するのではなく、食物を分けて生活していることがあきらかになっただろう。たしかに地理的隔離は、種分化のひとつの要因である。のちに、私たちはアフリカの霊長類の種分化のひとつの法則をそこに見つけるだろう。しかし、より根本的な種形成原理は主食の開発であり、そのことがそれぞれの種の独特な形を説明するのである。

新しいニッチ概念とガウゼの法則の指し示すものは、種形成の根本原理は、空間を分けるのではなくて、独自の主食を開発し、他の種と食物を別にする「食べわけ」である。それは「食べわけ原理」とよぶことができる。この仮説を霊長類に適用すると、主食が口と手の形を決定するという「口と手連合仮説」としてまとめることができる。

「口と手連合仮説」——口と手は主食を指し示す

アイアイの主食があきらかになり、その歯と指の特別な形の意味がわかった。そこで、アイアイの指と歯からこの視点を整理してみよう。歯については、その切歯から大臼歯に至るすべての歯の構造と特性が問題となる。何をかじるのか、何を咀嚼するのか？　それらの歯の大きさは、形は、構造は？　歯の形だけでなく、口の構造そのものにも主食は影響を及ぼしているだろう。その例をニホンザルのほお袋やチンパンジーの自由に動く下唇に見ることができるだろう。手については、全体の構造、指の長さ、指関節の構造、指先の形に注目しよう。この口と手の形の連合こそが、その動物の主食を指し示すのだから。

主食とは、あれも食べる、これも食べるではなく、その種がそれによって生きていくのに不可欠の食物を指す。サルたちは、彼らをとりまく生態系のなかから他の種が利用していない物を取り上げて、それを自分たちの主な食物としたとき、新しい種として生態系のなかで安定した地位を得ることができる。それがニッチである。

新しい食物の開発とは、ある新しい食物を発見するだけではなくて、自分の体にもこの新しい食物に対応した新しい機能、新しい形がつくられなくてはならない。食物の主食化はそれを取りこみ、利用するサルの側の変化なしには、実現できないからである。しかし、これをあるサルの形についてあきらかにしようとすれば、そのサルが生きている特別な生態系を考えなくてはならない。アフリカ大陸とマダガスカルの自然がまったくちがうように、それぞれの生態系はちがったものなので、その生態系の理解なしには、主食とその開発について語ることはできない。どんな種類の樹木があるのか？　それはどういう形の果実をつけるのか？　その成分は？　などなど。こうして、もういちど、具体的なサルの種ひとつひとつについての理解が必要になる。

もちろん、口と手だけが主食に対応して変化するのではない。体の他の部分も口と手ほどあきらかに主食を指し示すのではないが、口と手を介して変わってゆく。アイアイの耳が、打診する中指との連携のためにコウモリのような大きなものになっているように、口と手が変化するだけでなく、それにともなう体の形の変化もある。手の形と使いかたが変わるときには、動きかたも変わる。それは足の構造も変えるはずである。アイアイが中指をまったく移動に使わないことや、足の親指の広がりがラミーの樹冠部の枝渡りやラミーを食べるときの体の安定に適していることも、この視点から説明できる。

主食が口と手の形を決定するという「口と手連合仮説」は、アイアイだけでなく他の霊長類についても適用できるはずで、霊長類の口や手の形と主食の関係が類推できるはずである。この仮説には、形は知られているが生態がわからないサルの種の主食を推理できるという威力がある。

第2章では「口と手連合仮説」が、他のマダガスカルの原猿類についてあてはまるのかどうかを調べてみよう。むろん、この推理の最後の楽しみは初期人類の主食を探しあてることであり、直立二足歩行の起原を探ることである。

第2章　レムール類の特別な形と主食のバラエティー

本章では、アイアイ以外のマダガスカルの原猿（レムール）類について、第1章で述べた「口と手連合仮説」がどのようにあてはまるか、それぞれのレムールたちの生態、主食、口や手の形を見てみよう。また、マダガスカル以外にすむ小さなサルたちについてもあわせて説明したい。

1　絶滅した巨大原猿類とその小さな仲間

アジアとアフリカ大陸の原猿類だけならば、オオガラゴの2キログラムが最大で、すべての種が夜行性である。しかし、マダガスカルの原猿類には（絶滅種を含めれば）体重200キログラムから24グラムまで、サルの体重幅の上限から下限までを完全に覆い、昼行性のものもある。残念なことに、マダガスカルの大型原猿類はそのもっとも大きなものから順に16位までが絶滅しているので、それらの大型原猿類が何を主食にしていたのか、正確に知るすべもない。

しかし、残されているその手と歯の形からいくらかの推定はできるのである。

パレオプロピテクス科とアルケオレムール科

マダガスカルに歴史時代まで生息していたことが知られ、体重200キログラムに達したとされるアルケオインドリスを含むパレオプロピテクス科とアルケオレムール科のふたつの科は、類縁を残すことなくすべてが絶滅した。両科ともインドリ科と同じ歯式 i2/1, c 1/1, pm 2/2, m 3/3×2＝30で、パレオプロピテクス科ではインドリ科とちがって、後肢は前肢より短く、ナマケモノに似ていたと考えられている。

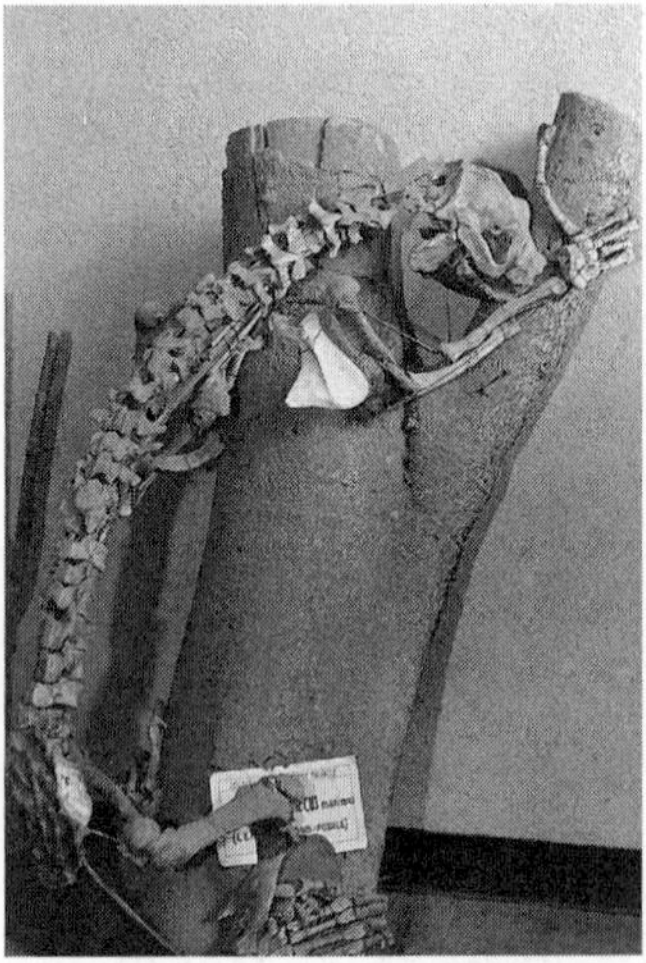

パレオプロピテクスの全身骨格　とても長い親指，太い脊椎など，霊長類としては例外的な形のサルである．チンバザザ動植物公園内博物館展示

マダガスカルの首都アンタナナリブにあるチンバザザ動植物公園の博物館では、最大種のアルケオインドリスの頑丈な頭骨と磨《す》り減った大きな臼歯の列を、また60〜80キログラムのパレオプロピテクスは全身骨格を見ることができる。パレオプロピテクスは当初の発掘者が水棲《すいせい》霊長類ではないかと考えたほどに特別な骨格をしているが、ことにその親指の長さは注目される。

これらの絶滅したサルたちは、その頑丈無類の頭骨と大きな歯が印象的であるが、その指先にもまた特別な意味が込められていて、将来の研究を待っている。アルケオレムール科の2属、アルケオレムール属とハドロピテクス属は、それぞれヒヒやゲラダヒヒに似ているといわれてきたほどに、原猿類としては鼻づらの短い特別な形をしていて、たしかにどこかニホンザルにも似ている。チンバザザ動植物公園にはアルケオレムール属の全身骨格が、ハドロピテクス属は頭骨だけが展示されている。アルケオレムール属では上顎《じょうがく》第1切歯がことさら大きく、また親指がことさら短いので、他の指の長さにたいしてきわだっている。これらの資料もまた、将来の詳しい研究が待たれる。

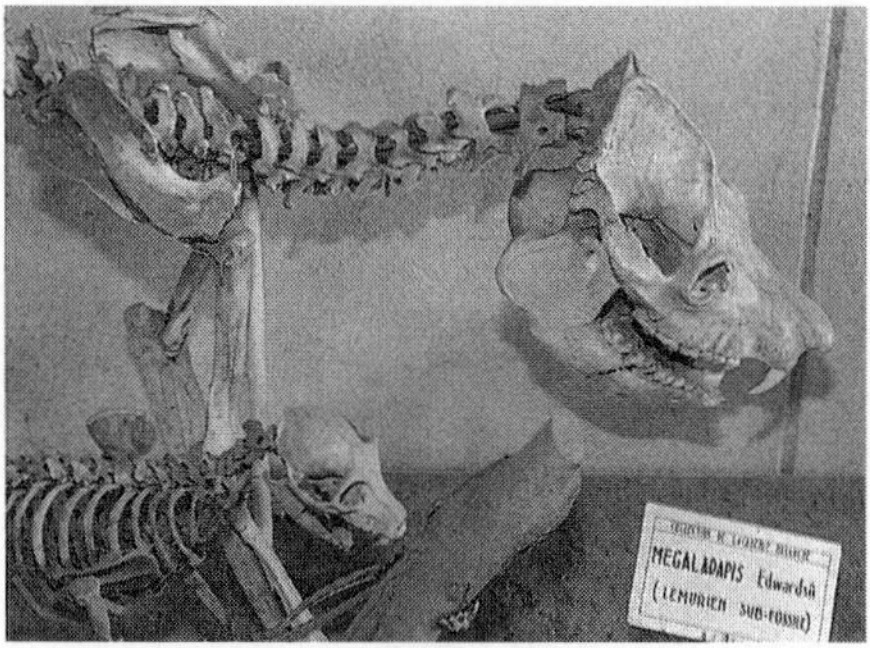

メガラダピス　手前のエリマキキツネザル（体重4キログラム）にくらべると，その大きさがわかる．チンバザザ動植物公園内博物館展示

メガラダピス科

メガラダピス科には絶滅した大型のメガラダピス属とその親戚である小型のイタチキツネザル属がいる。それらの頭骨と手足の骨格をくらべてみると、大きさはもちろんちがうが意外なほどにそれらの形は似ている。巨大なグループはすでに絶滅しているが、幸いなことにほぼ完全な全身骨格が出土しており、そのイノシシにも似た巨大な頭と手足の長い指の詳細を知ることができる。この全身骨格はチンバザザ動植物公園の

博物館で、誰でも近くで見ることができる。

　メガラダピス属には3種が知られているが、いずれも体重40~80キログラムの大型のサルだった。1648年から1655年までマダガスカル南端のフォール・ドーファンですごしたフランス人博物学者エチエンヌ・ド・フラクール（Etienne de Flacourt）は、地元民が恐れている大きな動物について記録を残している。

「チェチェチェチェあるいはチャチャチャチャと原住民がよぶ動物で、2歳仔のウシほどもある。頭は丸く、顔は人に似ている。手足はサルのようで、毛は縮れて、尾は短く、耳は人のようである[16]」

　河合雅雄さんたちの『世界のサル[17]』（1968）では、この現地名を「トレトレトレトレ」と訳しているが、マダガスカル語の発音では、tre はチェ、tra はチャである。私は長いあいだ、この名前に不審を抱いていたが、どうも現地音の表記と考えたほうがよさそうである。マダガスカル語の動物名は、どの民族とも同じようにその形や声からつけられている。この名前がその動物の声に由来すると考えると、チャチャチャチャと鳴く声は、現生のイタチキツネザル類に似ている。

　フラクールが記載したこの巨大なサルの話は長いあいだ伝説だと考えられていた。しかし、200年以上もあとになって、イギリス人動物学者メイジャーがメガラダピスを発掘し、ようやくこの巨大なレムールが現実のものだと確認された。メガラダピスは17世紀まで生きていたのである。

このサルは、体長との比率では例外的に大きな前後に長い臼歯と、また例外的に大きな頭骨をもっていた。このために、原猿類研究の第一人者マルチンが頭の大きさから体重を推定すると390キログラムになったほどだった。この大きな頭骨には、上顎の切歯はなく、そこに反《はん》芻《すう》動物の上顎のような角質の板があった。上顎の切歯がない哺乳類は、シカ科、キリン科、ウシ科など偶蹄目《ぐうていもく》の特徴であり、下顎の切歯と上顎の角質の板とのあいだで草や木の葉を引っ張って効率的につまみ取るという特別な食べかたができる。しかし、これほど奇妙な歯の特徴は、長いあいだ霊長類学者からは無視されていて、近年までまったく歯式がちがうキツネザル科に含めていたのだから、学者もうかつなものではある。

この巨大なサルは、ずんぐりした体に短い四肢が特徴で、後ろ足の大腿骨《だいたいこつ》、脛骨《けいこつ》はことさらに短い。しかし、手足の指は長い。メガラダピスのこのような体の特徴はコアラに似ていて、それと同じニッチを占めると説明する説もある。(18) しかし、コアラの手は2本の指が他の3本の指に対向するカメレオンのようなタイプのもので、メガラダピス科の指にはまったく似ていないし、歯式もi 3/1, c 1/0, pm 1/1, m 4/4×2＝30で、メガラダピス科の歯式i 0/2, c 1/1, pm 3/3, m 3/3×2＝32とはまったくちがっている。この絶滅した巨大なメガラダピスたちがどういう生活をしていたのか。その片端でも、生きている小型の仲間から見えないだろうか？

イタチキツネザル属

メガラダピス科の小さな生き残りであるイタチキツネザルは、成長した木の葉を主食にする特別なサルである。栄養の少ない葉を食べるサルたちの体重は、アジア・アフリカの真猿類のサルたちでは栄養の多い果実食のサルよりも大きく、4～10キログラムになるが、イタチキツネザルたちの体重は1キログラム以下と桁《けた》外れに小さく、霊長類の葉食者としては世界最小である。しかし、その密度は1ヘクタールあたり3～10頭と高く、マダガスカル全土に分布していて、その生態系によく適応している。

この属のもっとも南にすむ種、体重600～800グラムのシロアシイタチキツネザルは、年間降雨量500ミリメートルの乾燥したマダガスカルの南西部に分布し、その主食はディディエレア科アロウディア属の2種の木の葉である。これは霊長類の食べる食物のなかでもっとも栄養の少ないもので、セルロースが64・6パーセント、たんぱく質13・6パーセント、脂質1・8パーセント、還元糖15・1パーセントである。(19)

イタチキツネザルはこの葉を1晩に61・5グラム食べて13・5キロカロリーを得るが、このサルの1日の基礎代謝量（安静にしているときの代謝量）は20～30キロカロリーだから、まったくカロリー不足である。この絶対的なカロリー不足を補うために、イタチキツネザルたちが取った方法は、じつにユニークなものだった。

まず、イタチキツネザルは日中に休眠して、基礎代謝量を40パーセントも下げている。さらに、夜間もほとんど動かず、移動を最小限にして、基礎代謝量の10パーセント以内（約2・2キロカロリー）に抑えている。引き下げた日中基礎代謝量（14・5～21・8キロカロリー）と移動エネルギーの合計は、16・7～24キロカロリーで、ふつうの食事だけではまだ赤字である。

このエネルギー収支の絶対的赤字を、イタチキツネザルはフン食で埋める。いや、粉飾決算というわけではない。他の葉食者にくらべると、「イタチキツネザルの小腸は極端に短いので、1回の消化器官通過では十分に食物内容物を摂取できない」[20]が、食べた葉が小腸に続く盲腸と大腸を通るあいだに、そこにすむバクテリア類によってセルロースの一部は分解され、たんぱく質を最大45・8パーセントにまで増やしている。これは小腸から吸収できる物質に変わっているので、もういちど食べれば栄養になる。これがフン食の理由である。

ミルネドワルイタチキツネザル　西部の乾燥森林に分布する夜行性の葉食者．木の洞で寝ているので，木の幹を叩くと現れる

このフン食によって10～15キロカロリーを得ることができ、最初の食事とあわせて、イタチキツネザルは生きてゆけるわけである。

この過程のどこにも歯も指も関係していないではないか、という批判はあたっているが、少なくとも歯については弁明できる。上顎の切歯が欠けていることは、葉食者の特徴である。ウシたちのように、この歯のシステムは成長した葉を食べるためにはもっとも適したものである。尖《とが》った臼歯と牙《きば》状に飛び出した犬歯は、イタチキツネザルが葉をすり潰《つぶ》すように食べるのではなく、葉をむしりとって噛《か》み砕いて呑みこむタイプであることを示している。

問題は指である。真猿類では葉食のサルたちは親指が退縮することが多いが、イタチキツネザルの親指ははっきりと枝をつかむことができる。このイタチキツネザルの指は、ディディエレア科の植物では葉が棘《とげ》のある幹に直接ついているので、それを指先でむしりとるのかもしれない。

残念なことに、私はイタチキツネザルを何回か見たけれども、それが葉を食べているところを見たことがないし、またどの論文を見ても、手の使いかたを書いているものはないので、この親指が葉を食べるのにどのような役割を果たすかはわからない。

あるいは、イタチキツネザルの親指の発達した手の形は、直立姿勢でのジャンプとも関係するのかもしれない。直立姿勢でジャンプするタイプの移動方式では着地点も垂直の木の幹なので、両手両足でそれをつかむために、親指はどうしても不可欠で、テナガザルのように指を長く伸ばして腕渡り（ブラキエーション）をするタイプのサルたちの短い親指とはその点で異なっている。

「そうだとすれば、親指の長さや指の形は移動方法に決定されているのではないか」という考えかたができるだろうが、それはちがうと私は思う。直立姿勢でのジャンプという特別な移動方法は、そのサルが選び取った主食によって生活する場所の植生に決定されている。シロアシイタチキツネザルのすむマダガスカルの乾燥林はその典型で、ここに優占しているディディエレア科の木は高さ12メートルになる箒《ほうき》をさかさまにしたような幹に鋭い棘があり、その棘のあいだの幹に直接小さな葉をつけている。このような場所で、この葉を食べるとしたら、四足で水平に移動するよりも直立移動のほうが合理的であろう。そして、そのとき、幹をつかむ手は親指が他の指に対向する拇指《ぼし》対向性でなければならないだろう。

イタチキツネザルの手は、同じ植生のなかで生活しているワオキツネザルとはまったくちがった主食をイタチキツネザルが選んだことと、イタチキツネザルの移動方法とが関係しているのだと、私は解釈したい。むろん、イタチキツネザル属全体からいえば、この垂直跳びに都合のよいディディエレア科の森林だけでなく、マダガスカル東部の熱帯雨林にもイタチキツネザルは分布している。ここでは四足移動のサルたちはたくさんいる。なぜ、熱帯雨林では都合がいいはずの四足移動に、イタチキツネザルは変わらなかったのだろうか？

この問いに答えるには、イタチキツネザル属7種の種分化から説明しなくてはならない。染色体の研究からは、もともと乾燥地帯のサルだったイタチキツネザルは西部乾燥地帯と東部熱帯雨林とで最初に種が分かれ、その後、北部と西部で、つぎに西部中央部で、最後に北部と北西部で、分かれている。(21) イタチキツネザルは成長した葉ならなんでも食べられるという万能タ

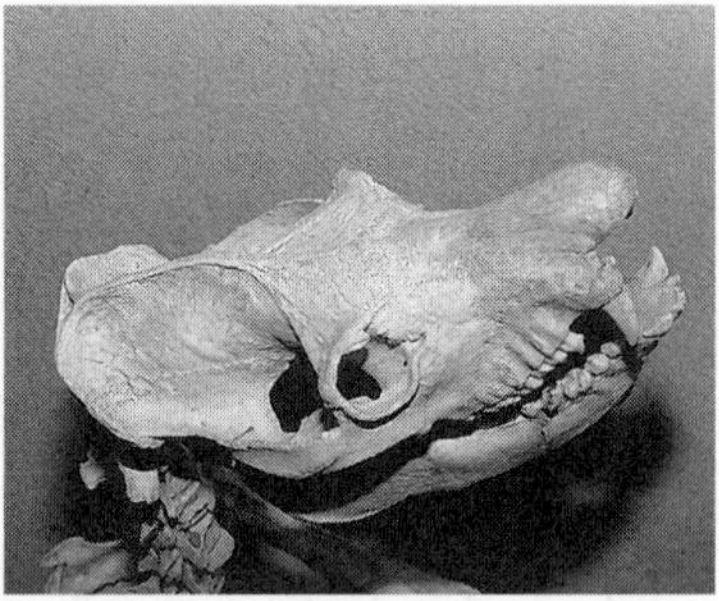

メガラダピスの歯　上顎に鋭い犬歯があるが，切歯はない．チンバザザ動植物公園内博物館展示

イプのサルとして、最初に熱帯雨林と乾燥地帯という自然環境のまったく異なる生活場所で分化し、つぎに西部の地形的な障害（北からマハヴァビ川、ルーザ湾とスフィア川湿地帯、チリビヒナ川、そしてウニラヒ川）によって、種分化した。ひとつのサルの種がニッチを開発するのは、主食とそれに対応した形によるのだから、どこにでもある成長した葉と垂直跳びが可能な場所を熱帯雨林でも探しだして、そこに適応したのだろう。

　この説明には「仮説提唱者のしぶとさ」とでもいうべき性格がある。「鰯《いわし》の頭も信心から」という諺《ことわざ》があるように、「こじつけ」はどうにでもなるので、自然科学を志す者は「ありそうな説明」に満足するのではなく、「事実による証明」を意識しなくてはならないが、この説明はなかなかそうではない。ひとつだけこの説明に利点があるとしたら、垂直跳びのサルたちには親指がなくなることはない、という事実がある。もっとも、主食はいろいろであるが。

では、巨大なメガラダピスは？

メガラダピスの歯と指の形は、小型の親戚のイタチキツネザルを大きくし、頭の骨を前後に長く引き伸ばしたものである。上顎の切歯がない空間は角質の板が伸びていて、そのわきに大きな犬歯が添えられたのだろう。彼らは中央高地の森林や南部の乾燥森林のなかで、それこそ無限にある木の葉をむさぼっていたのだろう。その下顎の歯は新芽食のインドリにくらべても滑らかだから、イタチキツネザル同様、よく嚙むというよりもさっさとおなかに入れていたのかもしれない。

では、メガラダピスの移動のやりかたは？　ここでイタチキツネザルの手の指の働きを考えてほしい。手の指は親指も含めて長いし、足の指はもっと長いので、直立姿勢での採食だったことは間違いない。そしてできるだけ労力の少ない移動の方法を取り入れたことも間違いない。それはつぎの木への簡単な移動方法、跳びつくことである。この巨大な体にもかかわらず、直立姿勢での幅跳び移動だっただろう。木々のあいだをピョンと、いやドッサンと80キログラムの巨体が跳ぶところを想像してほしい。それは見ものだっただろう。

マダガスカルの動物地理について

イタチキツネザル属はマダガスカルのなかで7種に種分化を起こしている。種分化はまず熱帯雨林と乾燥地帯とのあいだで起こり、これに続いて西部で地理的な隔離によって起こったとされている。この種分化は主食を開発する種形成とは異なって、動物の形には影響しない点に注目してほしい。イタチキツネザル属の7種は、少しは大きさのちがいがあるとはいうものの、その歯や手の形はもちろん、外観もじつによく似ていて、染色体による分類がはじまるまでは、ひとつの種の地域亜種として分類されていた。このことは、またマダガスカルのような100万年単位の時間のものさしが必要な世界では、地理的隔離によって生じた種は相互に見分けがつかないほどの形ではあるが、遺伝子は時間によって変化するので染色体の形では見分けられるほどになることを示している。つまり、マダガスカルでは染色体が変化するほどの長い時間が経過しても自然環境が変わらなかったので、その環境から主食を取り出す種の形は変える必要がなかったのである。

面白いことにマダガスカルではこの種分化のパターンは、歯式や主食、移動方式という基本的な形が異なる科のレベルで一致している。まず、熱帯雨林と西部乾燥地帯で基本的な種分化があり、さらに西部では地理的にいろいろな種が生まれている。しかも、イタチキツネザル属に見られるような7種への分化が基本なのである。つまり、動物地理で表されるような種分化は、熱帯雨林や乾燥地帯という自然環境の大きなちがいや地理的隔離のような地形的な障害物が要因なので、その地域の動物にとって共通に起こることなのである。それは主食の開発という内的な適応や形の変更による種形成とは別のシステムなので、分類上のちがいを超えて、異なる科の動物たちのあいだでも同じパターンで種分化が見られるのである。後に、人類の起原を見るときに、アフリカの動物地理について語ることになるが、そのときにはこの、科のレベルを超えた地理的な種分化パターンが重要な意味をもってくるだろう。

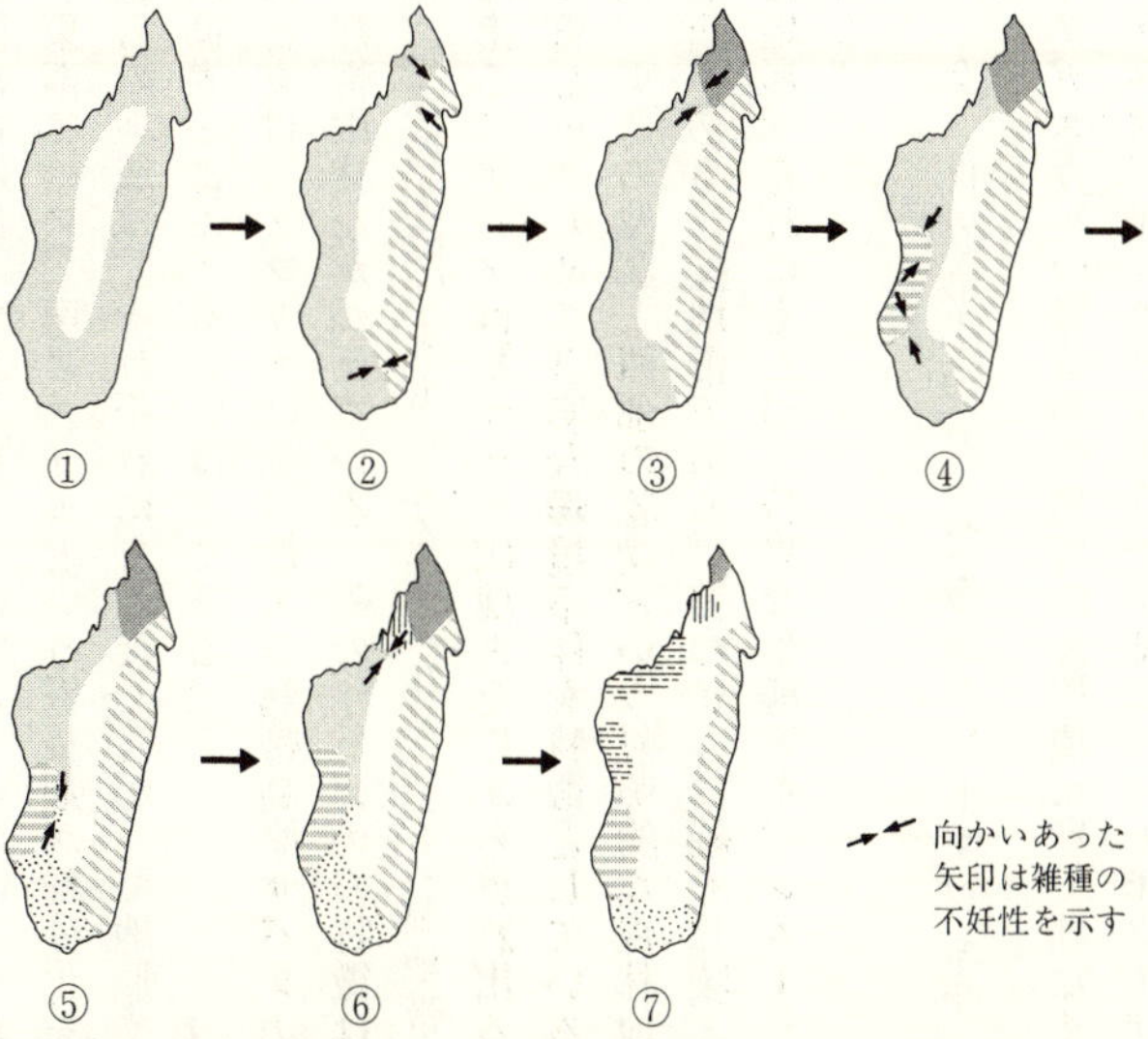

マダガスカルの動物地理　イタチキツネザル属の種分化は，典型的な地理的隔離である．①祖先種はマダガスカル全域に分布していた（中央高地は現在では焼かれたため焦土化し，空白である），しかし，②最初に西部（左側）の乾燥地帯と東部熱帯雨林との間で種が分化する．③続いて北端と西部の間で，さらに④西部の中央で種分化が起こる．⑤西部中央での種分化のためにその南北で種分化が起こる．さらに⑥北部でもう一段の種分化が起こり，7種が生まれた．そのために，⑦現在見られるような分布となっている（引用文献21より）

最後に付け加えておかなくてはならないのは、それぞれの地域、マダガスカルやアフリカ大陸、東南アジア、南アメリカという霊長類が種分化を起こした地域の自然の特性の問題である。これらの地域は、それぞれにまったくちがった地形や植生環境をもつ熱帯地域なので、異なる自然世界とよんでもいいほどである。

たとえば、アフリカは世界最大の熱帯高原サバンナをもち、同時にその中心部に広大な湿地帯の熱帯雨林をかかえている。そのサバンナの特徴は、何よりも平らな大地である。南アメリカは、「水の大陸」ともいえる広大なアマゾン湿地帯と険阻な高山のアンデス山脈の組みあわせである。アジアはヒマラヤ山塊とそこから流れ出る河川の削る山地地形とインド亜大陸とマレー群島のきわめて多彩な環境条件を特徴としている。これらにたいして、マダガスカルの特徴は、東部の湿潤と西部の乾燥という対照的な森林地帯とその中央にある高地の無限に繰り返す凹凸のある丘陵地帯である。波のように続く丘陵とそのあいだにはりめぐらされた水系の複雑な地形、それにもとづく特異な生態系が、レムール類のニッチを知るためには決定的に重要である。

2　世界最小のサルたち（コビトキツネザル科）

マダガスカルの霊長類の驚異は大型種だけではなく、体重24グラム、文字どおり世界最小のベルテネズミキツネザルを含む小型のコビトキツネザル科にもある。

ネズミキツネザル属

世界最小の霊長類であるネズミキツネザル属（体重24～100グラム）は、マダガスカル全土に分布し、2000年には8種が確認されている。[22] この数はイタチキツネザル属とほとんど同じで、イタチキツネザル属が成長した葉というどこにでもあるものを主食として開発したのにたいして、ネズミキツネザル属もまた、どこにでもいる昆虫を主食に開発したといえる。「口と手連合仮説」にとっては都合のよいことに、このサルたちの歯と指先にはその驚異的な能力が隠されている。

ブラウンネズミキツネザル　草の軸を握った指先が丸い吸盤になっている．ヌシ・マンガベ特別保護区で撮影

　マダガスカルの熱帯雨林には、赤褐色のブラウンネズミキツネザルがたくさんすんでいる。熱帯の夕暮れはほとんどいつも同じ時刻だから、夜行性のサルたちを見ようと思えば、キャンプを出発するのは午後6時ころである。特別保護区ヌシ・マンガベから見ると、夕日はマダガスカル本土の低い山々の陰に落ちゆく。ひとときの夕焼けが終わると、あたりは急に暗くなる。この

時刻に海岸の藪道《やぶみち》を歩いていると、ネズミキツネザルたちによく出会う。

フィールド・ノートの記録は、夜の最初のうちはほとんどネズミキツネザルだけである。「18:30、15mネズミキツネザル。18:39、20mネズミキツネザル。18:47、2mネズミキツネザル」。時刻、発見した高さ、種名の順にごくごく簡単な記録しかないが、それはネズミキツネザルがひじょうに小さく、光に敏感なので、ライトをあてるとすぐに逃げて、詳しい観察ができないためである。しかし、近くにいるネズミキツネザルを捕まえるのは、ごく簡単である。ネズミキツネザルは光を近くからあてると凍りついたように動けなくなるので、手を彼の後ろから伸ばして捕まえるのである（よい子はまねをしてはいけませんが）。

ある日、いっしょに働いていた森林監視員がネズミキツネザルを連れてきた。足を折っている。フクロウにでも襲われたのだろうが、そのままでは早晩フクロウの餌食《えじき》になるのは目に見えているから、治療してやってくれという。そこで治療かたがた、しばらくテントのなかで飼っていた。餌はバナナとバッタである。なにしろ手のひらに載るほどの大きさでしかないから、1日にバナナ1本の3分の1、バッタは5匹もあれば十分で、飼育するのにこれほど楽な動物もいない。

このネズミキツネザルにカブトムシをあたえてみた。マダガスカル産のカブトムシは日本のものにくらべれば小さいとはいっても、ネズミキツネザルの両手にあまる。予想ではネズミキツネザルは、まず処理のしやすい小さなバッタを食べて、それからカブトムシに取り掛かるだろうと思った。しかし、これはみごとにはずれ、ネズミキツネザルはまっさきにカブトムシに飛びかかり、自分の体の半分もあるほどの滑らかな装甲に覆われたその昆虫を両手でしっかりと抱きしめて、ガリガリとかじりはじめたのである。

私はネズミキツネザルの両手に目をみはった。吸盤つきの手の指は、甲虫類のつるつるの鎧《よろい》をつかむためにおあつらえむきの道具なのだ。この地球は、「虫の惑星」ともよばれるほど昆虫が多いが、なかでも甲虫はその過半数を占める。その無数にいる甲虫の滑らかな鎧をつかむには、吸盤は最適の道具なのだ。

それはどんな感じの吸盤だろうか？　私はたまたまネズミキツネザルの赤ん坊を見る機会があり、手のひらに3頭を載せたことがある。10グラムもない赤ん坊たちはそれでも指先に小さな吸盤があって、その指先は私の手にしっかりと吸いついた。生き物が開発した装備のなかでも吸盤ほど面白いものはないが、指と指のあいだのようなでこぼこであっても、ネズミキツネザルの吸盤はほんとうに吸いつく構造をもっていた。

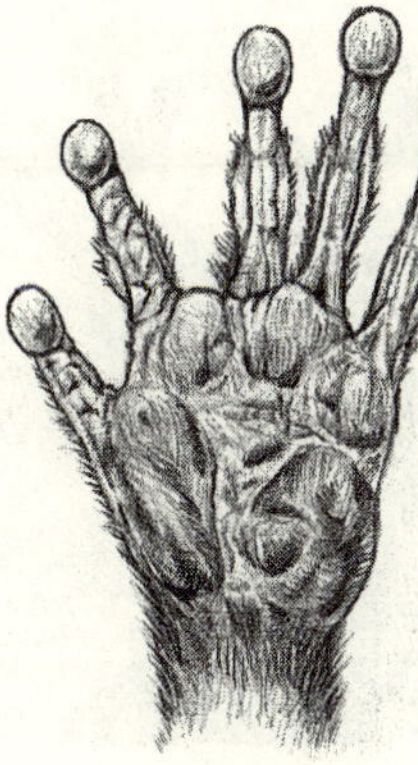

ネズミキツネザルの手

ネズミキツネザルの歯は独特のもので、切歯から臼歯まですべての歯が尖った先端を並べている。甲虫の殻はすべりやすいので、手の吸盤だけでなく、

ベルテネズミキツネザル　体重24〜38グラムで，文字どおり世界最小のサル．チンバザザ動植物公園で撮影

歯でもしっかりと噛みついて離さないようになっているし、そのキチン（アルカリにも弱酸にも強い含窒素《ちっそ》多糖類）の鎧を噛み裂くための道具としても有用である。

では、ネズミキツネザルの主食はほんとうに甲虫類なのだろうか？　マダガスカル西部の乾燥地帯のハイイロネズミキツネザルの主食は甲虫とガ類、カマキリ類、半翅目《はんしもく》（セミ、アリマキ、ヨコバイ類）、クモ類、ときにカエルとカメレオンなどであり、果実と花と蜜、葉のつぼみ、ガム、昆虫の分泌物、まれには葉を食べる。「胃内容物の検査は8個体で実施した。いずれも植物と昆虫で大部分が占められていた。その昆虫の遺残の主なものは甲虫であり、これは夜間の観察でもほとんどの昆虫が甲虫であったこと、また、巣の堆積物《たいせきぶつ》にも主に甲虫の鞘翅《さやばね》が見られたことに対応している[23]」。彼らはほんとうに甲虫食なのである。

もっと小さくなれば

ネズミキツネザル属は動きが速く、同じ場所にすむコビトキツネザルには捕まえることのできないほど動きの速い昆虫を捕まえることができる。また、飛んでいる昆虫を捕まえることもできるが、このとき「旗姿勢」という独特の姿勢をする。つまり、垂直の枝を後肢で把握して水平に体を支え、両手をフリーにして伸びて「旗」のような姿勢から空中を飛ぶ昆虫を両手で捕まえるのである。

マダガスカル西部には、24~38グラムしかない世界最小の霊長類、ベルテネズミキツネザルがいる。この種は西部全域に分布するハイイロネズミキツネザルと同じ森林にすんでいる。もちろん、同じ場所に同じ主食のふたつの種はすむことができないから、「食べわけ」が行われているはずである。これらのネズミキツネザル属の研究は端緒についたばかりで、その実態はまだわかっていない。しかし、私は昆虫を主食とする霊長類がこれほどに小さくなったことに注目している。もっと小さくなれば、飛ぶことさえできるのではないか？　そこには、なんとコウモリ類がいる（注）。

昆虫に飛びかかる「旗姿勢」から跳躍へ、そして飛翔へは、一見無謀にみえる断絶がある。しかし、支えのある樹上から空中への飛躍はあと一歩のところにある。禅語にいう「百尺竿《ひやくしやくかん》頭《とう》に一歩を進む」である（『伝灯録』「百尺竿頭須進歩」）。

注　マダガスカルには1科の固有科と15種の固有種を含む7科29種に及ぶコウモリ類がすんでいて、昆虫食の小型コウモリは24種以上になる。その体重は、10グラムまで10種、20グラムまで6種、30グラムまで3種、40グラムまで1種、80グラムまで2種、不明2種である。[24]　つまり、１０

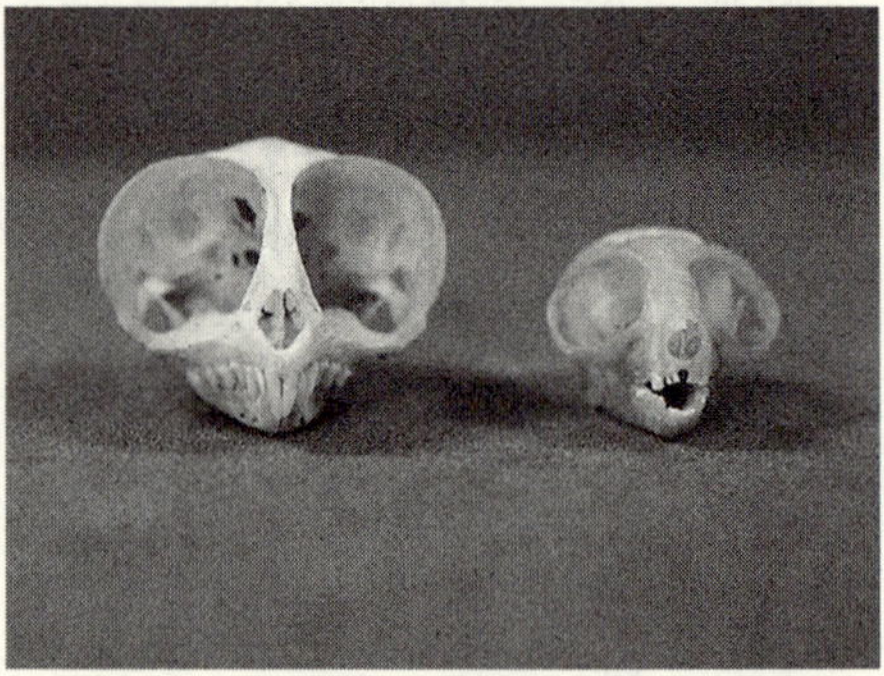

メガネザル（左）とネズミキツネザルの頭骨の比較　メガネザルは大きい．とくに切歯の強大さが目立つ

0グラム以下の体重なら昆虫を主食として飛ぶことができるが、そのもっとも適した体重は20グラム以下なのである。サルたちとコウモリたちは系統上の類縁が近いわけだ。

3　最小霊長類の類縁

体重100グラム程度の最軽量級の霊長類は、マダガスカルのネズミキツネザル属のほかに、アジアのメガネザル科、アフリカのロリス科のコビトガラゴ、南米のマーモセット科のピグミーマーモセットがいる。

メガネザル（体重80〜165グラム）の歯と指先は、ネズミキツネザル属ののこぎり状の歯と吸盤のある指とそっくりだけれど、大きさがちがっている。メガネザルはネズミキツネザルにくらべるとずっと頑丈で、指先もはるかに長く、吸盤も大きい。メガネザル類は、眼球を回すよりも頭を回すほうが簡単なほどに、巨大な眼球の夜行性のサルであるが、ネズミキツネザル属よりもはるかに動物食で、ほとんど植物性の食物を取らず、昆虫とヘビや鳥類、コウモリを含む脊椎動物を捕まえて食べる。このサルは捕食者といえるほどで、ヤイロチョウを食べ、魚を水中から捕まえて食べ、神経毒をもった長さ30センチメートルのヘビさえ捕まえて食べる[25]。ボルネオのサイカブトムシはとても大きいので、メガネザルはそれを捕まえたまではいいが、暴れるカブトムシの足の棘のためにその顔を傷だらけにしながら、15分間も格闘したという記録もある[26]。つまり、メガネザル類はネズミキツネザル属が食べる甲虫よりもそうとうに大型の甲虫まで食べることができるタイプの昆虫食者なのである。

ヒガシメガネザルは上野動物園で飼育されているが、この飼育担当の方の話はじつに興味深かった。

「これにはときどきエビをやっているんですよ。どうも野生でも沢蟹《さわがに》のような甲殻《こうかく》類を取っているらしくて、その殻が栄養に必要なようですね」。カニなどの甲殻類の殻は、昆虫の殻のキチンに石灰が含まれたもので、甲虫の殻よりはるかに堅く丈夫である。

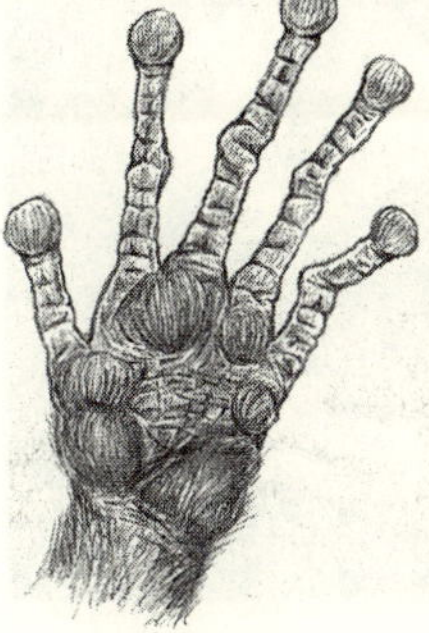

メガネザルの手

そういう目で見ると、メガネザルの手はじつに興味深い。手のひらの部分が極端に小さく、先端に吸盤のある指が細く長い。これはたしかに、そうとうな難物につかみかかる手なのだろう。ネズミキツネザルの手とそっくりというのは、いわば外観の一瞥《いちべつ》にすぎず、さらに詳しい見かたが必要なのである。歯と手の形と主食との密接な関係は、ネズミキツネザル同様、メガネザルでもあきらかである。

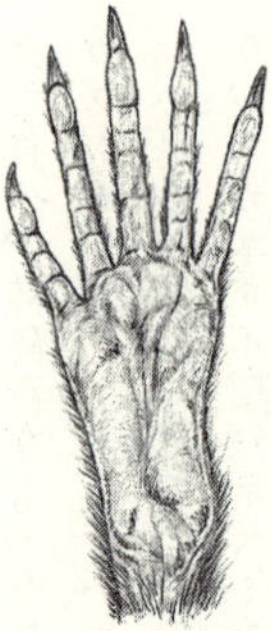

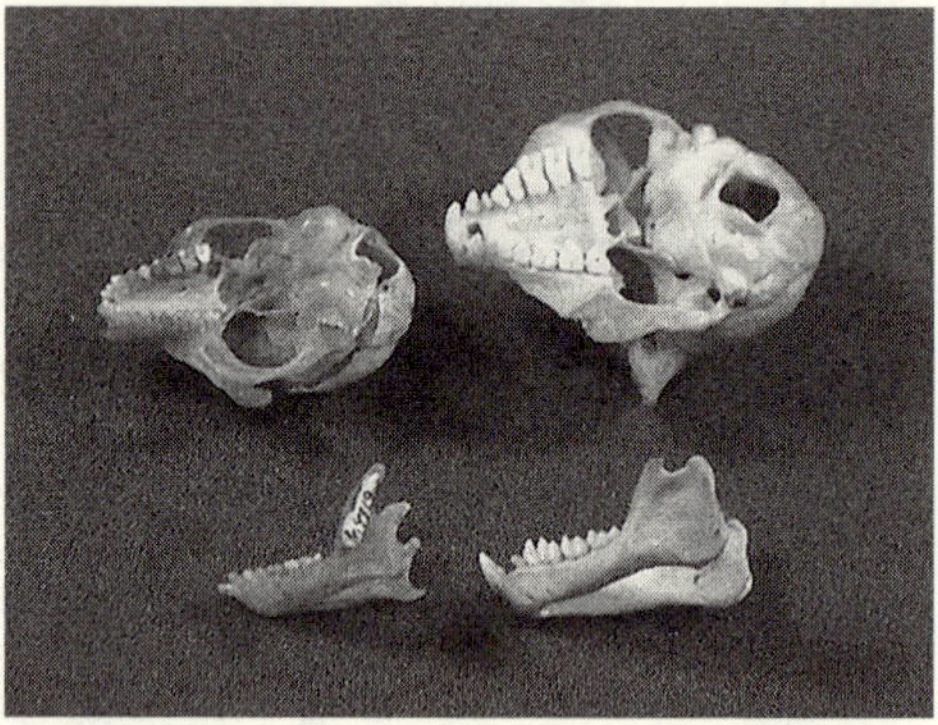

（左）ピグミーマーモセットの手
（右）ピグミーマーモセット（右）とネズミキツネザルとの頭骨の比較　ピグミーマーモセットの切歯はネズミキツネザルの切歯よりずっと大きく，前方に離れて突き出ていて，削り取り用の道具であることがわかる

4　ガム食のサルたち

南米の最小霊長類、ピグミーマーモセット（体重125グラム）の歯は切歯の先端がしっかりと突き出すタイプで、その指先には肉球はなく、尖った爪が突き出した鋭角的な先端となっている。これは、体重こそネズミキツネザルクラスだが、主食はまったくちがっていることをはっきり示している。ピグミーマーモセットは樹液（とガム）食者なのである。南米のサルたちのうち、昆虫を主要な食物の一部としているのは、タマリン類225～900グラム、マーモセット類230～450グラム、ライオンタマリン類600～800グラムなどだが、体重レベルからわかるようにいずれも果実食、ガム食（注）を混合している。

　ピグミーマーモセットは、川沿いの藪にすむ。食物は、樹液と果実、木の芽、昆虫といわれている。正面から下顎を見ると、ネズミキツネザル属とコビトガラゴ（体重44～97グラム）では、切歯は犬歯よりも一段低くなっているが、ピグミーマーモセットでは切歯と犬歯は並んで同じ高さをつくっている。この切歯と犬歯の連合は、ガムや樹液を得るために樹皮を削り、剝《は》ぐ鑿《のみ》のような道具となっている[27]。

ピグミーマーモセットの手の爪は鋭い鉤爪《かぎづめ》で、木肌にしっかりと打ちこめるようになっていて、甲虫を主食とするネズミキツネザルたちとはまったくちがっている。「下顎の半ば突き出た切歯の形や小型の体、鉤の爪は大きな木の幹に張りついて樹液を食べることに特別に関係した適応形態である[28]」と言う研究者もいる。

ピグミーマーモセット

しかし、ピグミーマーモセットにはまだ謎が隠されている。「（同じように樹液を食べるとされる）セマダラタマリンは樹脂（resin）食であるが、ピグミーマーモセットは樹液舐《な》め者（a sap licker）とよぶことができる[29]」と、この最小種の食物を限定する研究者もいる。また飼育下のピグミーマーモセットは、バナナのペーストは食べるのに、バナナそのものには見向きもしない。飼育下ではこの小型種はじつに人なつこく、魅力的なサルであるが、この南米最小種にはもっと野外で調べなくてはならないことがありそうである。

マダガスカルとアフリカのガム食者は、ピグミーマーモセットよりも大きく、体重250〜500グラム級のフォークコビトキツネザルとニシハリヅメガラゴである。これら2種の切歯は他の歯よりも長く先に突き出ているが、これをスコップのように使って樹皮を削っている。

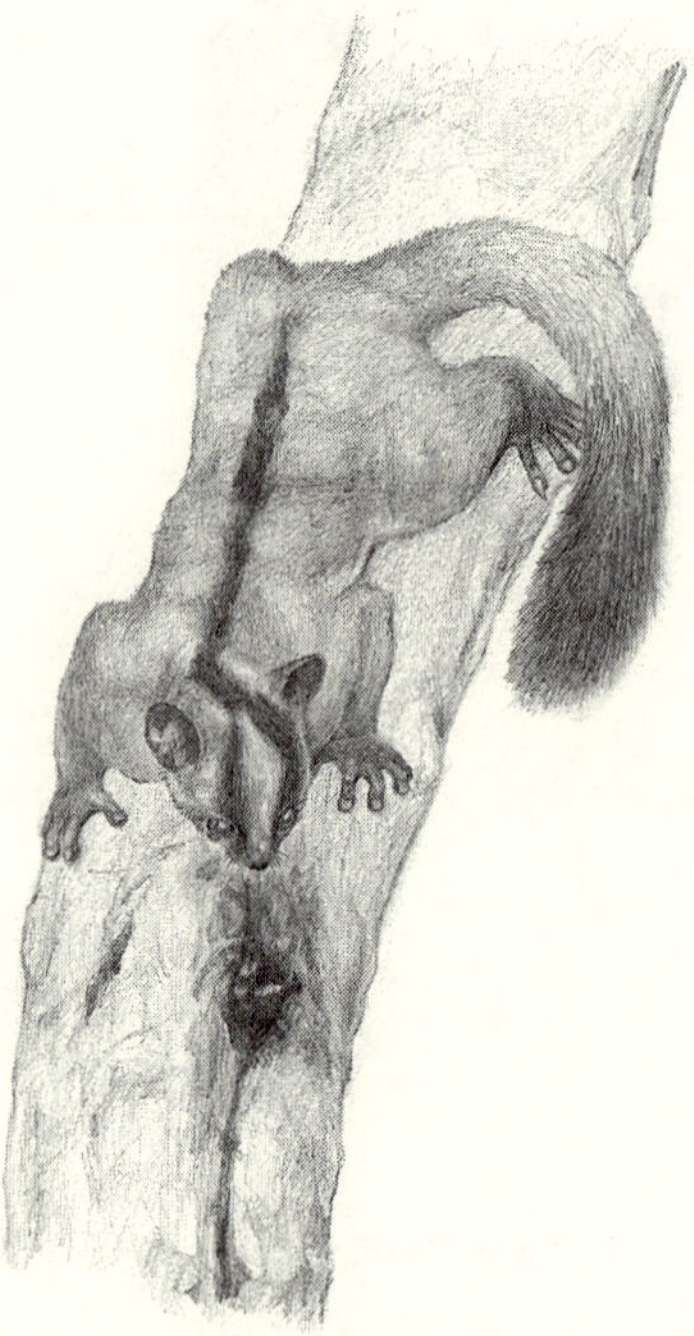

フォークコビトキツネザル　太い指で大きな幹にしがみついて，ガムや樹液を食べる

ニシハリヅメガラゴの爪、フォークコビトキツネザルの鋭い爪も、樹皮を削るためには逆さになっても幹にしがみつく必要があるためである。ニシハリヅメガラゴの針とよばれるほど鋭い爪は、まるでネコのように、ふだんは指先の丸い吸盤の内側に引っこめていて、必要なときに突き出して使うことができる特別なしくみをもっている。ガム食をするアフリカのオオガラゴは、太い木の幹に逆さにぶら下がってガムを食べることで知られているが、細い枝の上でも手で枝を握るのではなく、しっかり爪を立てて枝をつかむ。

同じ体重グループのフォークコビトキツネザルとニシハリヅメガラゴとは、ほんとうにたくさんの似た点がある。細長く伸びた櫛歯《くしば》、長くよく動く舌、よく発達した上顎第1小臼歯、大きな盲腸、大きな枝や幹を登るのに適した鋭い頑丈な爪、ガムを出す木への決まり切った訪問のしかた、そして黒い背中の筋、さらには声もよく似ている。

このようにガム食の原猿類たちも、ネズミキツネザルたちと同じように、主食はその歯と指の形に関係している。

注・ガムについて　京都大学の西田利貞さんは霊長類の食物を分類して、果肉、種子、葉、滲出《しんしゅつ》物《ぶつ》、動物の5種類をあげ、「滲出物」を粘性ガム、樹液（サップ）、樹脂、ラテックス（天然ゴム）の4種類に分類して、前2者だけが霊長類に食べられているという。(30) 本文で「ガム」とよんでいるのは、この「粘性ガム」であり、「構造の複雑な炭水化物で多枝多糖類」である。このガムはたんぱく質や脂質を含まないので、ガム食の動物は昆虫などでたんぱく質を補充する。

私もずっと間違えてきたが、「樹脂」はワニスなどの原料になるフェノールやテルペンなどの「複雑な有機酸およびその誘導体」（『広辞苑』）なので、とても食べられない。樹脂は英語では「resin」だが、英語論文でも「resin を食べる」という表記があるところを見ると、石果《せきか》（ドループあるいはストーン）を堅果（ナッツ）と誤るたぐいで、洋の東西を問わず、よく間違えるようである。55ページで引用した文章のなかで、「セマダラタマリンは樹脂食」といっているのも、ガム食の間違いである。

5　果実食のサルたち

アイアイからガム食霊長類に至る「口と手連合仮説」の支持者についての説明を、我田引水的であると感じる方は少なくないだろう。「それは結局、小型原猿類という特別な食性をもったものについての話であって、もっと大型のサルたちは、ずっと幅広い食性をもっているはずだからこの仮説はあてはまらないのではないか？」と。

特殊な食物には特殊な道具が必要で、サルたちではそれが歯と指の形にはっきり表れるのだというのが「口と手連合仮説」だから、一般化した食物に一般的な手と歯が対応するのは、また当然である（この説明にも「仮説提唱者のしぶとさ」、あるいは「こじつけ」の匂いはあるが）。もちろん、大型のサルたちはたしかに多様な食物に対応することができるので、それに対応した一般化した歯や指の形を示す。しかし、動物たちは種として確立するためには、自然界での職業、それに固有の主食を開発したニッチを占めなくてはならず、そのためには特定の主食を確保できる能力をもっていなくてはならないから、体の形にそれが刻印される。

では、より大きなマダガスカルの原猿類たち（キツネザル科とインドリ科）の主食は、その歯と手にどのように刻印されているのだろうか？

果実を食べるワオキツネザル　親指の位置に注目

マダガスカルの原猿類のなかでは、ワオキツネザル（体重約3キログラム）はその縞《しま》模様の尾によってもっとも目立っているし、有名でもある。このサルは南西部の乾燥地帯に群れをつくってすみ、林のどの層よりも地上の利用時間が長い。その食物は果実（33・6〜59・3パーセント）、葉（24・4〜43・6パーセント）、花（6・1〜8・7パーセント）などで、昆虫はまれにしか食べない(31)。ワオキツネザルのすむ南西部以外にはキツネザル属（2〜3キログラム）が分布しているが、そのほぼ全域にブラウンキツネザルがいて、これに重なって局所的に分布し、相互の分布域が重ならない4種（カンムリキツネザル、クロキツネザル、マングースキツネザル、アカバラキツネザル）がいる。これら4種のキツネザル属の食物は共通していて、果実を中心にして、花や葉、そして部分的に昆虫を食べる。カンムリキツネザルの食物の80〜90パーセントは果実であるし、アカバラキツネザルは熟した果実を選び、葉は少ししか食べない。クロキツネザルの食物は、熟した果実78パーセント、未熟な果実4・7パーセント、葉12・7パーセント、花、蜜、無脊椎動物4・8パーセントで、雨季は果実食で、乾季は葉食が多くなり、樹皮も食べる。(32) クロキツネザルはまた、タビビトノキの花蜜を花をいためずに食べる名手でもあり、花粉の媒介に役立っている。マングースキツネザルの主な食物も果実で、雨季には花とその蜜を、乾季には葉も食べる。

ブラウンキツネザルはその食性が地域と季節によってまったく変わっていることで知られており、乾燥地の乾季では葉の割合は89・2パーセントにも達し、ほとんど葉食者のような食性から、湿潤森林の雨季には果実67・4パーセント、葉27・3パーセントと変化する。(33) この変幻自在な食物選択こそブラウンキツネザルがごく近縁の他のレムール類と共存できる理由である。

これらの果実食のキツネザルの歯式は、i2/2, c1/1, pm3/3, m3/3×2＝36で、下顎の切歯と犬歯はそろって前方に突き出して並んで櫛歯とよばれているほどで、ひじょうに特別な形をしている。また、小臼歯のひとつが犬歯のように角張って大きくなっている。素人目には、片側3本の切歯と小臼歯2本といってもよさそうに見える。この切歯の特徴は毛づくろいに便利な歯であるといわれ、たしかにそのようにも使われるのだが、「口と手連合仮説」に則《のっと》れば、その起原が果実食にあることはあきらかである。つまり、果実を掬《すく》うように食べるためには、前方に向かってそろって突き出してシャベルを形成している歯が効率的であり、果実の皮を剝《む》

クロキツネザル	アカバラキツネザル
カンムリキツネザル	マングースキツネザル

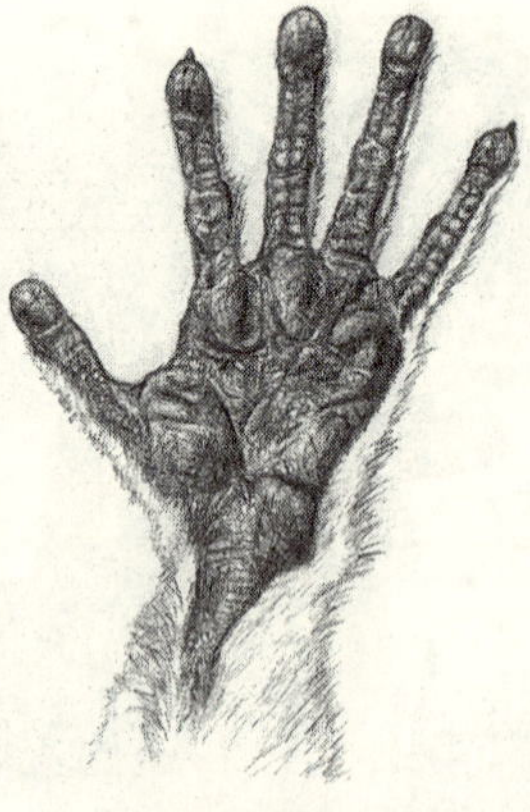

ワオキツネザルの手

くためには尖った歯が不可欠だが、それを切歯にくわえて小臼歯のひとつが行っているのである。

これらの果実食のキツネザルたちの指は、指先が膨れていることを除けば、人の手に似た形といえる。しかし、この親指の使いかたは、人間とはちょっとちがっている。ワオキツネザルたちが手で食物をつかむとき、親指は他の指に向かいあうのではなく、わきに寄せることが多い。他のキツネザル属などもこのやや不《ぶ》恰好《かっこう》なやりかたである。これは食物をつかむうえで不足はないが、人間の手のように親指が中指まで覆うしっかりしたタイプではないので、見た目からいえばいかにも不器用そうである。人間タイプのしっかりしたつかみかたにくらべると、このつかみかたはやはり「原始的」で、未発達なつかみかたなのだろうか？

形式的進化論者による原猿類の手の解釈

イギリスの霊長類学者ネイピア（J. R. Napier）は『霊長類の手』というじつにコンパクトにまとめた本を出している。[34] 彼はホモ・ハビリスの手の最初の記載者でもあり、その『霊長類分類ハンドブック』でも霊長類の手に焦点をあてていて、[35] 霊長類の手のバラエティーについて注目していた。しかし、その手についての解釈はどうもいただけない。

彼はオオガラゴ（アフリカの原猿類）の写真につけた説明で「原猿類は単一の把握パターンしかもっていない。手は開くと閉じるだけで、あたかも遊園地のおもちゃのクレーンのあごのようなものである」と言う。さらに続けて「ここには実際に正確な動きはないし、力のある動きもない。あるのはただ単にすべての用途に適した握り締めだけである」とも言う。しかし、これはいくらなんでもひどい言いかたではないだろうか。彼はさらに「新世界のサルはこれにくらべると、ノドジロオマキザル（カプチンモンキー）のように精密な把握と力のある把握という2種類の把握方法をもっているものもあるが、一般に未発達」と評価し、「新世界、南米のマーモセットの鉤爪のある手は、親指と他の指の形がほとんど同じであるが、これもまた原始的な形なのだ」と言う。「旧世界ザルは少なくとも把握については、分化している」、「しかし、ただひとつの例外は（アフリカの）コロブスモンキーで、（中南米の）クモザルのように親指がない」と、旧世界ザルの擁護につとめている。しかし、これは妙な言いかただ。事実は、新世界と旧世界とを問わず、親指のないサルたちがいるということだけだが、それが片方では当たり前で片方では例外という評価をするのは、科学とはいえない。

これは「人類の完全な手」という思いこみのもとに、霊長類の手に優劣の順番をつけようとするためだが、霊長類の手の真実はそういう思いこみとはまったく離れたところにある。これまで見てきたように、手の特別な形は、主食に適応した形にすぎず、それを原始的というのは、人間の評価の問題である。

形式的進化論者の思いこみとはちがって、この原猿類のつかみかた、手の握りにはそれなりの意味がある。その意味とはなんだろうか？

果実食のサルたちは親指がポイントである

果実は丸いことが多い。細長いものなら、人間的なつかみかたはニンジンのスティックを食べるように便利だろう。しかし、丸い果実をこのやりかたでつかむと、親指が果実を覆って邪魔になる。リンゴやバナナという大きな果実を考えてはいけない。アンズやウメのような小ぶりのものを考えてほしい。それが野生の果実である。小さな果実を手のなかに握って、しかも食べることができるのは、親指をわきに寄せたやりかた以外にはない。これが野生の正しい果実の食べかたというものである。このことが、果実食のキツネザル属とワオキツネザル属の多くのサルたちの手の使いかたの共通点になっているのだろう。

さらに、これらのサルたちの親指は、ヒトほどではないにしてもそこそこにしっかりしているが、それは果実をつまむためだと考えられる。熟した果実は落ちやすく、また他の未熟な果実のなかに混じっているので、それを選び、つまみ取るためには、人差し指と向かいあう親指はどうしても必要なのである。

6　果実まる呑みのサルの謎

だが、キツネザル科の大型種、エリマキキツネザル属（体重3～4・5キログラム）は、東部熱帯雨林の果実＋新葉食のキツネザル属と同じ場所で生息する果実食者というユニークなニッチにいる。

エリマキキツネザルは果実を握らない。口で直接つまみ取り、仰《あお》向いて「うっうっ」とまる呑みする。なぜ、こんなことをするのだろうか？　エリマキキツネザルは手を使わない果実主食者で、「口と手連合仮説」にそぐわないので、できれば避けて通りたかった話題である。しかし、その果実のまる呑み式の食べかたはあまりに面白いので、また私がマダガスカルで最初に出会ったサルでもあるので、敬意を表してとくに取り上げることにしよう。

私はヌシ・マンガベに上陸するや否や、エリマキキツネザルに出会った。彼らの大声は森中に反響していたが、そのうち近くのラミーの大木の太枝の上を走って、枝先から顔を出し、姿を見せた。エリマキキツネザルは全身がパンダ模様に染め分けられて、長い尾も部分的には白黒の縞模様だったりするので、ひじょうに派手できれいなサルだった。このサルの果実を食べる様子は、その大声以上に驚かされるものだった。

アイアイの主食となっているラミーの果実は、果肉を含めると最大直径3・5センチメートルにもなる大きな果実で、大木の枝先にビワの果実のように房になって実る。エリマキキツネ

(上)ラミーの実を食べに来たエリマキキツネザル　この大きな実をまる呑みにする
(下)プラムを呑みこむエリマキキツネザル　チンバザザ動植物公園にて

ザルは、枝先に出てきたと思うと、この大きな果実を尖った口先にくわえ、そのまま、まる呑みした。私は最初、これはたまたまのデモンストレーションのようなものかと疑ったくらいだったが、その後たびたび同じ食べかたをしているのを見て、この食べかたがエリマキキツネザルの日常的な食べかたであるとようやく納得した。同じ森にすむブラウンキツネザルは、エリマキキツネザルのいないときを見計らって樹冠に現れ、ラミーの果実を取ったが、ちゃんと果実を両手でもって果肉をかじった。このニホンザル方式の食べかたを見て、なぜか安心した覚えがある。

果実をめぐって、このふたつのキツネザル類のあいだでニッチの競合が起こっている。しかし、ブラウンキツネザルはエリマキキツネザルにくらべるとやや小型で、エリマキキツネザルが果実食の割合が高いのにくらべると、新芽や新葉など果実以外の割合が相対的に高く、これでエリマキキツネザルと共存しているようである。[36、37]

ミルヌ＝エドワル（A. Milne-Edwards）らの図版からワオキツネザル、マングースキツネザル、エリマキキツネザルの頭骨にたいする下顎骨の長さの割合を計算すると、前2者では70～71パーセントだが、エリマキキツネザルでは79パーセントにもなり、下顎がひじょうに長い。この長さは果実を呑みこむために口を大きく開けるのには都合がよく、口先に力をかけないことを示している。この下顎の骨の形は、アフリカの熱帯雨林で果実をまる呑みする原猿類、アレンガラゴと相似形である。

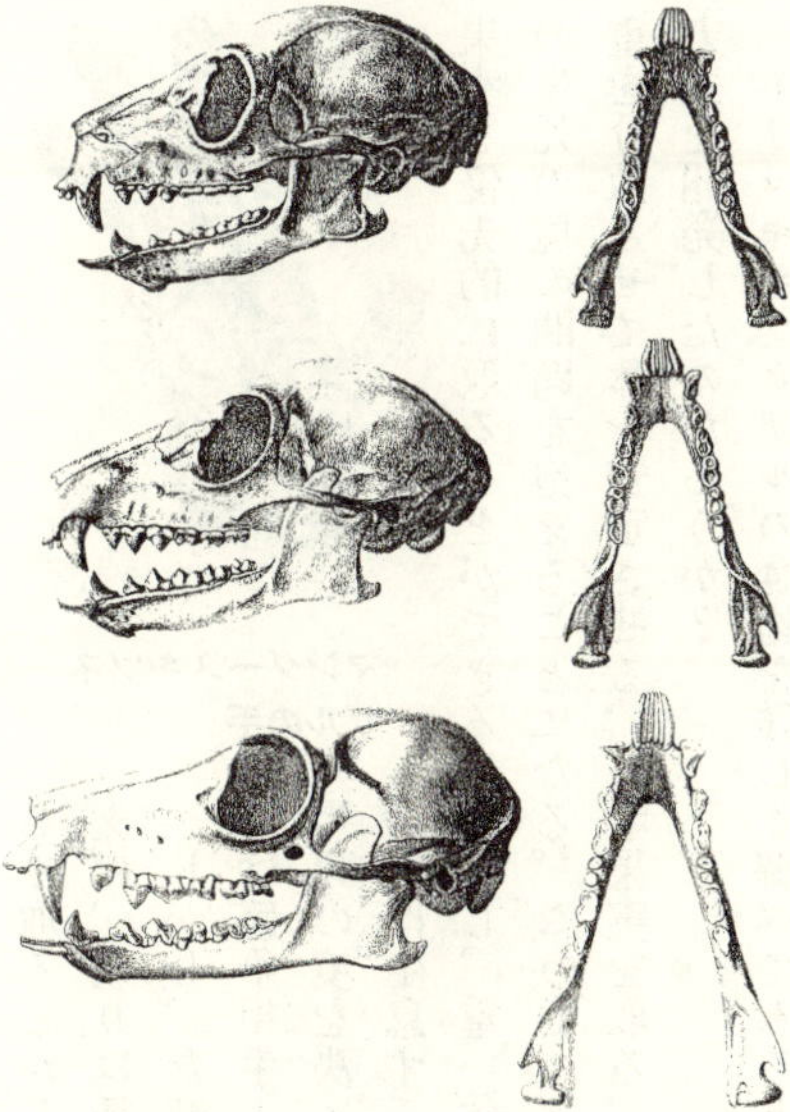

上からワオキツネザル，マングースキツネザル，エリマキキツネザルの頭骨と下顎骨の比較（引用文献37）

　エリマキキツネザルはどうしてそこまで苦労して呑みこむのだろうと思うほど、大きな果実を呑みこむが、これは果肉の効率的な消化方法なのだろう。種子と果肉とは繊維でくっついていることが多いので、果肉をかじり取るとかじり残しがあるが、まる呑みで消化してしまえば、残りは種子だけになる。

しかし、なぜ手を使わないのか？　果実食のサルにとっては競争相手より優先的に果実を食べられるかどうかは、生死の境を決める問題である。エリマキキツネザルは同じ場所に生息する他のキツネザル属にたいして体が大きく、

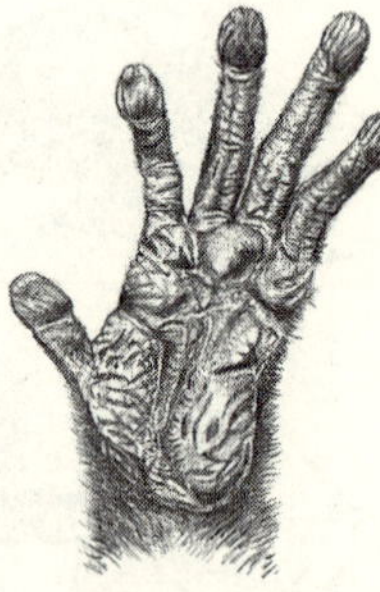

マングースキツネザルの手

果実を優先的に取ることができる。しかし、重い体は枝先が折れるかどうかというもうひとつの生死の境の問題を抱えることになる。こうしてエリマキキツネザルは四足で枝をつかみ、体重を分散させて体を安定させる、口で果実を取る、果実をその場でまる呑みするという斬新な方式を開発したのだろうか？

エリマキキツネザルの食物を詳しく調べてみると、主食は果実で、その割合は73・9パーセント、以下、葉20・9パーセント、花5・3パーセント[38]であり、果実の割合は他の果実食のキツネザル科のサルたちよりも高い。しかし、その食物のなかで目立つのは花蜜であり、エリマキキツネザルは花蜜の季節には、花蜜を食べることに集中する。その長い鼻口部と長い舌は、花を壊さずに蜜を舐め取るのに適した形をしている。

扇型に広がる特徴のある葉をしたタビビトノキはマダガスカル航空のマークにも使われて、マダガスカルを代表する植物のひとつだが、エリマキキツネザルはこの花蜜を好んで食べ、そ

の花粉を媒介する。エリマキキツネザルは、マダガスカルに固有の木の花蜜食に適した形と行動を取っていて、果実のまる呑みはその応用なのかもしれない。

マングースキツネザルでは、花蜜食が観察された全食物の8割に達することがあり、花蜜食のコウモリが少ないマダガスカルでは、そのニッチをマングースキツネザルが占めていると指摘する学者もいる。[39] 一般に真猿類では花を壊さずに花蜜を食べる例はほとんどなく、ニホンザルがそうであるように花やつぼみごと食べるのがふつうである。花を壊さない花蜜食は霊長類では例外的なので、キツネザル類のどの種でもこのスタイルの花蜜食が見られることは注目される。彼らの尖った鼻口部とエリマキキツネザルで極限に達する下顎骨の繊細さは、この特別な食物と関係している可能性がある。この主食はキツネザル類に特徴的な尖った顔の形も説明するかもしれない。また、キツネザル類は昼夜行性（カテメラル Cathemeral なる用語さえつくられている）で、昼夜なしに活動するが、花がコウモリ類の活動にあわせて日暮れ後に開くものが多いことが、この特異な活動性に関係しているのではないだろうか。こうして、エリマキキツネザルの問題は、ますます面白くなったのである。

7　竹食のサルたち

マダガスカルのほぼ中央に位置する首都アンタナナリブから南へ300キロメートル、中央高地の第二の都市フィアナランツァの東45キロメートルにあるラヌマファナの森林で、198

6年に新種の竹を食べるサルが発見され、キンイロジェントルキツネザル（体重1～1・6キログラム）と名づけられた。それまで、竹を食べるサルとしては、ヒロバナジェントルキツネザル（2・2～2・5キログラム）とハイイロジェントルキツネザル（750～900グラム）が知られていたが、この新しい種の発見によって、この森には3種の竹を食べるサルがすむことがわかった。[40]

同じ竹を食べる3種のサルが同じ林にすむことを可能にするメカニズムは食べる竹の部位と竹の種をそれぞれちがえる「食べわけ」だった。いちばん小さなハイイロジェントルキツネザルは、竹の葉の先端に出るカロリーの高い針のような芽の部分を好む。また、彼らはマダガスカル・ジャイアント・バンブーのなかの特定の種（*Cephlostachyum perrieri*）を選んでいたが、この竹を他の大型のジェントルキツネザルたちは食べなかった。この種はこの林では一般的ではなく、他の大型種が食べるためには、竹の量が少なかったのだろう。

もっとも大きなヒロバナジェントルキツネザルは、竹の幹を食べる。ラヌマファナの森のなかで、モウソウチクのように大きくて堅いマダガスカル・ジャイアント・バンブーの1種（*C. cf viguieri*）の幹にはっきりとついた歯型を、私がはじめて見たときの驚きはわかっていただけるだろうか？　このサルは大きいといっても他のジェントルキツネザルとの比較だけのことで、体重2・5キログラムとネコくらいの大きさにすぎない。それにもかかわらず、成長した竹の葉をまとめて、ばりばり、むしゃむしゃと食べ、竹の幹を噛み割り、噛み砕いて食べる。

そのあごと歯はがっしりしたもので、はるかに大型のエリマキキツネザルの華奢《きゃしゃ》なあごの比ではない。下顎を上から見ると、まことにニッパーそのものである。

　では、中間の大きさのキンイロジェントルキツネザルはどうか？　彼らをラヌマファナの森で追跡すると、竹の梢からひらひら、ひらひらと落ちてくる竹の葉を浴びることになる。このサルは竹の葉の付け根部分、葉柄を食べる。そしてときどきタケノコを食べる。マダガスカルのタケノコは幹からも出てくるが、そのかじり取ったタケノコを木の上に運んで、１枚１枚皮を剝いでは食べ、最後に残った芯《しん》までおいしく頂くのである。そして、食べ終わると、長い昼

（上）ヒロバナジェントルキツネザル
竹の枝もばりばり食べる
（中）ハイイロジェントルキツネザル
新芽をぬきとって食べる（右側）
左はキンイロジェントルキツネザル
（下）キンイロジェントルキツネザル
葉の付け根から食べる

休みに入る。

こうして同じ林にすむ、同じ竹を食べる3つの種が食べる部位を変えることによって共存していた。しかし、飼育下で与える栽培種の竹の場合は、もっとも大きなヒロバナジェントルキツネザルも、成長しきった竹の幹よりもやわらかなタケノコを好む。なぜ、野外ではタケノコの採食をめぐって競合が起こらないのだろうか？　タケノコには果実に匹敵するほどの栄養が含まれているので、どの種もこれを選ぶほうが当然ではないだろうか？　しかし、実際には野外では大型種も小型種もタケノコを食べない。なぜか？　研究の結果わかったことは驚くべき事実だった。

毒を食う者

キンイロジェントルキツネザルの主食となっている野生種のタケノコと葉の付け根（葉柄）には、100グラムあたり15ミリグラムという人間が食べれば致死量（体重1キログラムあたり0・5〜3・5ミリグラム）をはるかに超える青酸が含まれていた。[41]　キンイロジェントルキツネザルは、この有毒のタケノコを好んで食べ、その量は毎日500グラムにもなる。この青酸の含有量には季節的な変化もないので、キンイロジェントルキツネザルは毎日75ミリグラムの青酸（ヒトの致死量の21倍）を食べ、解毒していることになる。食後の長い昼休みは解毒と消化のためである。

この青酸は竹の葉や成長した幹には含まれていないので、ヒロバナジェントルキツネザルはこれらを食べている。また、ハイイロジェントルキツネザルの好む特定の竹では、芽や葉柄を含む竹全体にこの青酸は含まれていなかった。これらのジェントルキツネザルは3種とも青酸にある程度の耐性をもっているようだが、それでもハイイロジェントルキツネザルは青酸を含む竹の部位を避け、ヒロバナジェントルキツネザルは青酸を含まない固い竹の幹を選んでいる[42]。

この3種のジェントルキツネザル属は、大型種はその強大な歯で竹の幹を嚙み破って、中型種は毒を中和して、そして小型種は栄養価の高い竹の芽を選んで、というふうに竹の部位を食べわけて同じ竹林にいっしょにすんでいるのである。

竹の幹を食べる歯は前述のようにニッパーのようである。では、その指はどうなっているのか？　それは一見、他のキツネザル科のものとそんなに変わらない手である。

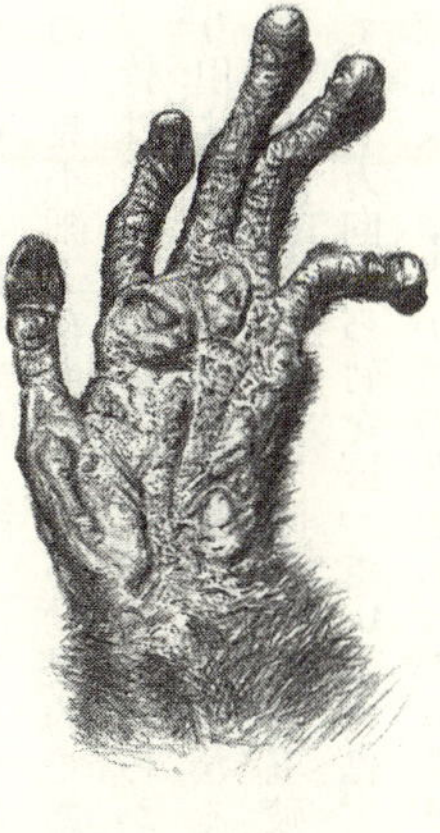

ジェントルキツネザルの手

竹を食べるための指

ジェントルキツネザルたちは、竹を食べるとき親指を他の指に対向させず、小指が浮いたような、不器用な枝のつかみかたをする。この指の使いかたは[20]、欧米の研究者からは「進化の程度が低く、真猿類にくらべると不細工である」と評価された。

しかし、これもまた人間本位の見かたにすぎない。彼らの主食である竹を食べるときには、この一見不細工なもちかたが効果的である。

竹は皮を剝かないと、中のやわらかい部分を食べることができないので、皮を剝いて芯を取り出すという一連の準備が必要になる。このためにジェントルキツネザルが開発したのは、手で竹の茎を回し、歯で固い鞘《さや》を嚙み破って取り払う方法だった。親指を他の指に対向させないで同じ方向から竹を握っているのは、竹の茎を回すための抵抗を少なくするためである。いちばん長い薬指が竹の茎をしっかり握る役目をするので、茎から浮かした短い小指は竹の茎を指先であおることができ、手首の動きと合わせて竹の茎を回すのである。(この小指の特別な動きは、薬指がもっとも長い指となっている原猿類の特徴が生かされていて、そのために場合によっては薬指と小指のあいだに竹の枝をはさむこともできる。)

キンイロジェントルキツネザルは両手でもったタケノコをねじって回転させ、皮の付け根をぐるりと効率よくかじって、皮を剝いて食べる。ハイイロジェントルキツネザルは両手で竹をつかんで、先端の針のような芽を口で引き抜く。ヒロバナジェントルキツネザルは、大きなタケノコを両手でねじりながら、口で皮を引き剝いてゆく。竹を消化する能力だけでなく、竹を食べる技術がなければ、竹を食べるのはむつかしい。ジェントルキツネザルの一見不恰好な手の指はそのためである。

これを「真猿類にくらべると不細工」と評価するのは、ジェントルキツネザルには酷な話で、

「生き抜くことがもっとも重要なこと」という視点からは、本質的な評価とはいえない。

8 インドリの特別な指とニッチ

葉を食べる真猿類のコロブスモンキー類、クモザル類では親指は退化している。しかし、マダガスカルの葉食のサルたちには親指がある。イタチキツネザルたちは完璧な葉食いだが、親指は果実食のサルたちとほとんど変わらない。マダガスカルのもうひとつの葉食者はインドリ科のサルたちである。もっとも、彼らは果実も食べるので、イタチキツネザルのように完全な葉食者ではない。彼らはまたイタチキツネザル類と同じように、直立姿勢で樹間を跳んで移動をする。しかし、その方法はよりダイナミックで、インドリ科のサルたちには腕から胸にかけてのわきにパラシュートのような皮膚の膜があり、これを広げてヴェローシファカはときに7メートルも空中を飛ぶ。

インドリ科は、最小のアヴァヒ属の600〜1300グラムからシファカ属のヴェローシファカ3・4〜4・3キログラムやカンムリシファカ5・8〜7・25キログラム、そして最大のインドリ属の6〜10キログラムまで、大きさがバラエティーに富んでいる。また、アヴァヒ属は夜行性でシファカ属とインドリ属は昼行性というように、活動性もまったくちがっている。しかし、下顎の切歯が1本しかない、あるいは犬歯がない（形が似ているので、犬歯と切歯の区別がつかない）特別な歯式は共通の特徴である（歯式 i 2/1, c 1/1, pm 2/2, m 3/3×2＝30)。また、

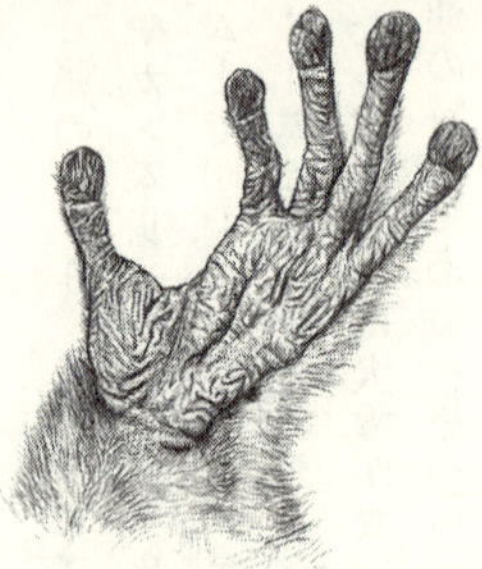

(上)ヴェローシファカ　赤ん坊を背中に載せて空を飛ぶ．最大の跳躍距離は７メートルに達する．わきの下の毛が広がって，空気抵抗を増している
(下)ヴェローシファカの手　ワオキツネザルの手にくらべると，指よりも手のひらの部分が長く，葉のある枝先を引き寄せる細長い形である

下顎の切歯が前方に突き出し、少し上向きになっていることや下顎突起の張ったあごの形や歯の形は大きさがちがうだけの相似形であるといえるほどよく似ている。この大きな下顎突起は、このサルたちが堅い葉を嚙み砕いていることを示している。

インドリの指の謎

インドリ科の手については、また別の問題がある。私は手、指の形も相似形だと考えていたが、それほど簡単な問題ではなかった。

シファカ属の手は、葉食者に共通の使われかたをする。「彼らはそれらの食物部分を口で取る。そのとき、手は枝を引き寄せるためにだけ使われる」[43]と、ヴェローシファカの先駆的な研究者、アメリカ人霊長類学者アリソン・リチャードは書いたが、たしかに彼らは手で葉をつまむことはない。熟した果実は落ちやすいから、選んだ果実は指でつまんだほうがいいだろうが、葉は1枚1枚を選ぶことはないから、枝ごと引き寄せて口で直接食べるほうが合理的である。この枝を引き寄せるときに、親指が使われることはほとんどない。長い指を差し出して曲げて枝をひっかけるとき、この指と反対向きにある親指を使う理由はないからである。たぶん、このことが葉食者の親指が退化する理由なのだと思われる。

　では、インドリ科最大の種、インドリはどうか？　すらりとして立ったままの姿勢で幹を蹴って跳ぶ姿には、一種独特の優美さがある。しかし、その手は！　エリマキキツネザルのまる呑み方法にも負けない難題がある。

インドリ　木の幹をつかむ大きな手の形はまったく独特なものである（©Mario Perschke）

　インドリはマダガスカル高地の森林にすんでいるので、首都アンタナナリブから日帰りできるアンダシベの森でも見られる。この白と黒の美しい毛をもった現存する最大の原猿

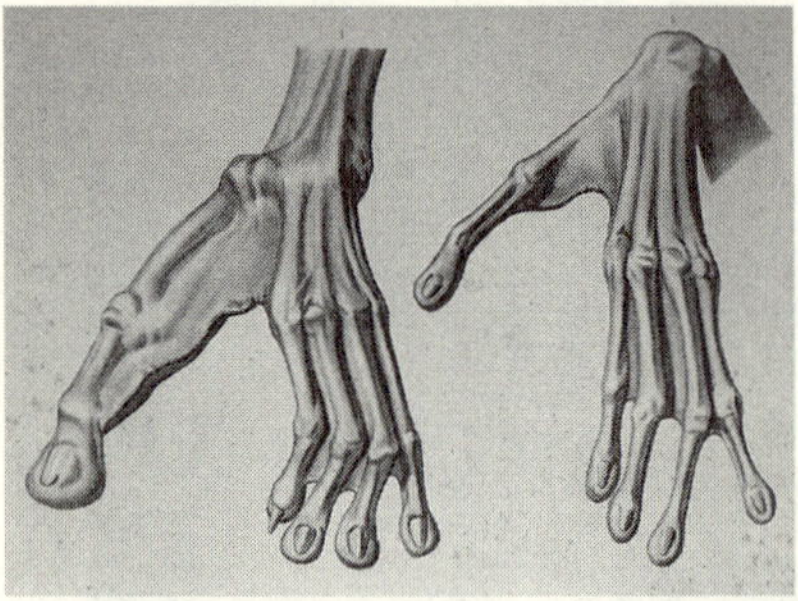

インドリの手（右側）と足　その毛を取り払って図示している（引用文献37）

類は、なだらかな丘陵のハイキングコースで出会えるが、その手の指の形をしっかり見ることは、そう簡単ではない。インドリの指の形は、異様である。グランディディエらもまたこの形に驚いたと見えて、毛をすべて取り払った裸の手を図に示している[36]。その指の先端の関節より下は皮膚で覆われて、まるで指先だけ出したミトンのような形になっていた！　この形は足の形と相似である。この特別な形の意味は何だろうか？

インドリの手は移動の安全のためか？

フランス人解剖学者のジョフロアらは霊長類の手の形を総覧して、やはりインドリの手の特殊さに気がついている。「インドリは非常に長い手と非常に短い足をもつ。他の垂直跳びタイプの霊長類、たとえばガラゴ類やメガネザル類とちがって、インドリはかかとや足が長くなる傾向をまったく示していない」。これはなぜかを、彼らは説明する。「垂直跳びの生物力学的な制約によって、垂直な幹をつかむためには、把握を安全に行うために手足の先が強力でなければならず、手が長くなることは、しっかりした枝を握ることをずっと容易にしたのである[44]」。彼らは跳んでいった先での把握力を増すために、手は大きいほうが「お得です」という説明をして、それで「よし」とする。同じ論文のなかで、彼らはアイアイの手の指の特殊さを説明できないので、「それはアイアイのユニークさである」と結論しているほどで、この説明は頼りにはならない。

インドリが実際にはどうしているのかを見て、そこからこの特別な形の手の意味を探ることにしよう。幸いなことにインドリの採食を撮ったビデオと写真がある。インドリの樹上での移動のやりかたはひじょうに慎重で、ほとんどの場合は3点支持（両手、両足のうちひとつだけを離して移動する岩登りのやりかた）で動いていた。また、ときには両腕を使って枝にぶら下がって移動することもあり、この場合は片手だけで体をぶら下げる。このブラキエーションとよばれるテナガザルなどの腕渡りの方法は、インドリではごく近距離のつぎの枝への移動に足がかりがないときのような、副次的な移動方法である。

インドリの食物

インドリの食物の35パーセントは若い葉と芽、25パーセントが果実で、成長した葉は1パーセント以下である[45]。インドリが毎日食べるのは、5～12種の植物の葉や果実で、それも特定の植物の特定の部位に集中する。このために合計すれば60種以上の植物を食べるが、2～3カ月のあいだにその種類は完全に変わってしまうような食べかたをしている。

これにたいして、アビシニアコロブスでは、その食物の57・7パーセントが新葉であり、果実が13・6パーセント、成長した葉12・4パーセントとなっていて[46]、インドリよりもあきらかに果実は少ない。果実はインドリ科ではコロブスモンキー類よりも大きな比重を占める食物で、このことがインドリ科で親指の退化が起こらなかった原因のひとつだろう。たとえば、ヴェローシファカが新芽を集中的に食べるのは新芽どきの10月だけで、その他の季節では果実が大半を占める[47]。

インドリの手の親指が長いのは、葉だけでなく果実も食べ、直立姿勢での跳躍移動のときに幹をつかむために必要ともいえる。しかし、実態ははるかにすごい。

インドリの特別なニッチがわかると分布の謎も解ける

ビデオをスローに切り替えて幾度も観察するうちに、驚くほどの発見をした。インドリは葉のついた枝先を引き寄せるためには、長い親指を二重に曲げてまったく使わず、残りの4本の指だけで引き寄せていた！　だが、木から木へと跳ぶときには、この手の親指はいっぱいに広げて跳ぶ。つまり、体を安定させるためには、しっかりと枝なり、幹なりをつかまなくてはならないから、親指をやっとこのように広げて、握りしめるのである。この使いかたは、足指とまったく同じである。

なんというやりかたか！　大型種が独自のニッチをつくり出す方法のひとつを私たちは、インドリのこの方法に見ることができる。

インドリが親指を二重に折り曲げて邪魔にならないようにして、他の指をいっぱいに伸ばして枝を引き寄せる動作はきわめて異常なもので、ただマダガスカルの特殊な生息環境によって説明できるものである。インドリが幹をはさむ手足のやっとこのような指を見た最初のときから、インドリは熱帯雨林の巨木がある世界の住人ではない、と思っていた。インドリが木の幹に止まるときには、両手両足を使って、長い指をぐるりと幹の回りに回して体を安定させているが、この方法は一定の直径以下の木の幹にしか対応できない。インドリの先駆的研究者であるイギリス人霊長類学者ポロックは「インドリが好む若い、やわらかい葉は若木に多い」というが、若木かどうかはともかく、山地の木々は低地の熱帯雨林の木々にくらべると幹の直径は細い。インドリの両手両足の指を長く回す止まりかたは、この山地の森林に適応している。

木の幹に止まるインドリ

　インドリは、じつに奇妙なことに、マダガスカル東部の北半分、しかもツァラタナナ山塊よりも南にしか分布しない。動物の分布にはその森林の歴史をあきらかにすると簡単に謎が解けるものと、インドリのようにまったく理解できないものとがある。

　第1章でのべたように、マダガスカルの中央高地の地形はまったく類例のないもので、広大な平原も高い山地もない。ただ北方に最高2876メートルのツァラタナナ山塊がわだかまっているだけで、残りの広大な地域は、標高200〜1500メートルのうねうねと続くなだらかな丘陵の連続である。この丘陵のあいだに毛細血管のように水路が入り組み、ときに広い沼地をつくっている。この地域はさまざまな植生がパッチ状に、しかし数百キロメートル連続するという特別な環境条件である。

アフリカ大陸は広大なサバンナの高原地帯を東部にもち、中央部は低地の熱帯雨林地帯である。南アメリカ大陸はアンデスの山岳地帯を控えるアマゾンの沼地熱帯雨林地帯となっている。アジア大陸ではヒマラヤの山岳地帯を背景にした山地と島々に熱帯雨林が広がる構造をもっている。それらの巨大地形では、低地の熱帯雨林は高山帯にすぐに移行し、そのどこにも安定的な広がりをもった高原熱帯森林は成立していない。

インドリがこの中央高原の山地林の動物であるとすれば、その手の形の秘密がよく理解できるのではないか？　現在残っている東部の森林は、南部ではひとすじの断崖の下に海岸部まで続く熱帯雨林である。インドリが現在すんでいるのは、断崖が二重になった北部のなだらかな山地森林である。ここには海岸近くの熱帯雨林と断崖上端の水田地帯とのあいだに山地林が残っている。つまり、南部のほうは断崖が一重なので、傾斜が急で海岸から熱帯雨林が続き、インドリの生息できる山地森林は断崖の上部にあったのだろう。しかし、この上部の森林は水田耕作ですでに消滅している。また、北端のツァラタナナ山塊では、熱帯雨林とその上部の山地林とさらに上部の林とが連続しているので、インドリの生息に適した山地林の幅が狭く、ここに人間が入りこんだためにこの地域からインドリは姿を消したのだろう。

マダガスカルの地形図からインドリがすむ可能性のある1000メートル以上の標高地帯を抜き出してみると、マスアラ半島ではその基部にわずかの山地があるにすぎない。これがインドリが現在、マダガスカルで最大規模の熱帯雨林が残っているマスアラ半島に分布しない理由である。

インドリがゆうゆうと跳んでゆく山地林は、幹の直径が大きくても50センチメートルどまりで、低地の熱帯雨林のように直径が1メートルを超えるという巨大なものはない。熱帯の低地でも山頂部には細い木々が生える。マダガスカルの高地の山地林は波のように続く丘の連続であり、その頂上部はそれほど直径が大きくない木々が並び、インドリがその幹を両手両足ではさんで跳ぶのに適した林だったのであろう。そして、そのような林の若葉を主食にし、果実を副食にしてインドリは生きてきたのだろう。ここでは主食である若葉のついた枝を引き寄せる手とその主食のある林の木々のあいだを垂直跳びで移動するための、両方に適応した手が必要だったのである。

手の特別な形は移動のためか

インドリはマダガスカル独特の熱帯山地林での選択的な木の葉食、つまり若葉食のために、独自のつまみ取り方法と体の支持方法、移動方法を選び出したといえる。そのためにその独特の手の形が生まれたのだと。では、逆の言いかたをして、インドリの手の特殊な形は、その特別な環境条件のなかで、もっとも適切な移動方法への適応の結果だとは、言えないだろうか？つまり、ジョフロアがいうように、木々の幹を蹴って跳ぶ移動方式は両手両足での幹の保持を必要とするので、インドリの足のような手が生まれたのだと。

主食への適応を考えないのなら、移動方法から手の形を説明することができる。しかし、ある林のなかでどのような移動方法が適応的であり、効率的なのかはまったく千差万別であり、特定の移動方法が生まれることの理由を説明できないし、ましてその手の形を説明することはできない。動物たちはそのあたえられた環境条件を変えることはできないが、その条件のどこを選ぶかは、またその条件のなかで何を主食にするかは、その動物の主体性の問題である。マダガスカルの山地林は、テナガザル類のような腕渡りをする移動方法には適さなかったようである。それにはもっと巨大な樹木が続く熱帯雨林が必要である。このマダガスカル中央高地独特の環境条件が、原猿類の移動方式に大きな枠組みをあたえていることは疑いない。しかし、原猿類の具体的な手の形に影響を及ぼすのは、もっと直接的な食物の条件であり、このように考えるとインドリの手と他の原猿類の手の形の相違の意味を知ることができるのである。

こうして、インドリの奇妙な手の意味を、主食とその主食を生む生息環境から説明できた。説明はやや苦しいが、ここでも「口と手連合仮説」は有効だと許してもらおう。

第3章　アフリカの原猿類の特別な形と主食

アフリカ大陸にもマダガスカルと同じように原猿類はいる。熱帯雨林にもサバンナにもチンパンジーやゴリラたちとはまったくちがった独特なサルたちがいるが、それらはみな夜行性なので、一般にはあまり知られていない。しかし、知れば知るほど、その独特さには感動させられるものがある。この章ではアフリカ大陸にすむ原猿類のサルたちについて「口と手連合仮説」が成り立つかどうか見てみよう。

これらのサルたちはロリス科として一括されるもので、その歯式はi 2/2, c 1/1, pm 3/3, m 3/3×2＝36で、マダガスカルのキツネザル科とまったく同じである。また、その下顎《かがく》の切歯と犬歯がそろって前に突き出し、櫛《くし》状になっていること、小臼歯が犬歯化していることも、キツネザル科の特徴とよく似ている。

1　アンワンティボ――魅惑の金色のサル

アフリカ熱帯雨林の住人、アンワンティボ（体重266〜465グラム）、別名ゴールデンポットーを知る人はほとんどいないだろう。

ところが、私はすでに小学生のときにこの名前を魅惑的なサルとして知っていた。しかし、その当時からサル学者になろうと思っていたわけではないし、むろんサルお宅というわけでもなかった。私はひたすら本に飢えていたので、町角の小さな図書館で借りる1日3冊の本では足りず、姉たちが購読していた雑誌も盗み読みしていた。その雑誌にジェラルド・ダレル（Gerald Durell）の『積みすぎた箱舟』（松佐美太郎訳）が連載されていた。アフリカの森には奇跡のような金色のサルがいて、それがロンドン動物園から動物の収集を頼まれていたダレルたちの究極の目的だった。ダレルはアンワンティボをついに手に入れたとき、人生にはこういう爆発するような喜びのときがあるのだと書いていた。海辺と森と小川のある田舎の生活をしていた少年にたいしてダレルやドリトル先生が示してくれた、動物との交流に喜びを感じる心が、そのときにも、その後の人生にも深い影響をあたえたことは疑いない。しかも、そのときから半世紀近くを経て、最晩年のダレルとマダガスカルでアイアイをめぐって出会うことになろうとは。

アンワンティボはほっそりしたサルで、独特の指の形をしている。人差し指はほとんど退化してしまって、単なる突起のようなものになっている。また、その臼歯はイタチキツネザルのように大きい。[48] しかし、そのあごの形はすらりとしていて、ほとんど力を必要としていないことを示している。こういう歯と指の組みあわせにどういう意味を読みとればいいのだろうか？この不思議な指を最初に見たときに、「この指の意味を解くことができたら、私の仮説も完成したといえるだろう」と思ったのを、今でも憶えている。

このサルの問題はそうとうに私を悩ました。アフリカの熱帯雨林に入ったこともない者が、この特別なサルの生態を想像するのはまったく不可能である。しかし、幸いなことに、フランス人原猿類生態学者シャルル＝ドミニク（Pierre Charles-Dominique）が中央アフリカ、ガボンの熱帯雨林でアンワンティボなどの原猿類を詳しく研究した論文がある。[49] この研究は、20世紀の霊長類野外研究の輝く星のひとつで、熱帯雨林に隣接した研究所や支援体制の充実もあっただろうが、彼の才能と熱意の賜物《たまもの》である。14個体のアンワンティボを含めて5種174個体の原猿類の胃内容物を調べ、41頭のアンワンティボを含めて201頭を追跡してその食物を調べた成果は恐るべきものである。彼の研究によって、同じ森にすむコビトガラゴ（体重61グラム）やアンワンティボが「昆虫食」、ポットー（850〜1600グラム）とアレンガラゴ（260グ

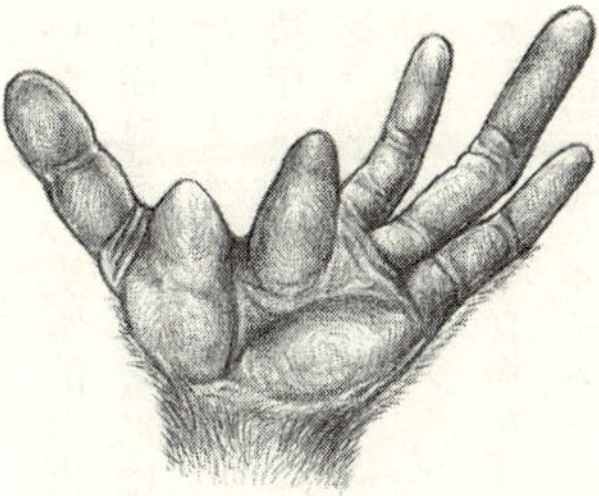

アンワンティボの手　その人差し指は単なる突起にすぎない

ラム）が「果実食」、ニシハリヅメガラゴ（300グラム）が「ガム食」と簡単にまとめられていたことの実質的な内容に迫ることができる。コビトガラゴやポットーやニシハリヅメガラゴは樹冠部に、下層にはアンワンティボやアレンガラゴが生息する。しかし、それを「棲みわけ」と考えると間違いで、例によって細かい「食べわけ」をこの同じ森にすむ5種の夜行性原猿類は行っていたのである。だが、その実態は！　生命は私たちのちゃちな想像力の外である。

シャルル＝ドミニクは語る。

「ポットーとアンワンティボはまったくのろい木登り屋である。あたり一面を嗅《か》ぎまわって、おもに匂いで食物を探しあてる。……アンワンティボは1メートル以上離れたところからでも葉に隠れたイモムシを探しあてる。ポットーはアンワンティボよりも視覚を使うが、1メートルも離れていて隠れて動かないコオロギを探しあてる。捕食のテクニックはポットーもアンワンティボも基本的には同じである。もしも、獲物が小さい場合はすぐに口にもっていって、頭か胸を噛《か》んでただちに殺す。大きな獲物の場合は、片手で押さえつけて、噛みついて殺し、口に運ぶ。獲物の種類によって捕まえかたはいろいろである。あるアンワンティボがガを捕まえようとした場合には、後ろ足で立ち上がり、両手でガの翅の付け根を捕まえた。

　ケムシは枝などに押しつけて捕まえるか、単に片手で葉から取り上げる。そのあと、アンワンティボはケムシの頭を口にくわえて、食べる前にケムシの体を両手で10～20秒間マッサージする。この力強い〝マッサージ〟はケムシから毛をとりさるためのアンワンティボの特殊な食物への適応を示している。このアンワンティボの食物には、他の原猿類が見向きもしない多くのケムシ、ほとんどすべてのケムシの種が含まれているのである。チカチカする毛をもったケムシの場合にはいつでも、このマッサージはとくにしっかり行われ、食べたあとでは1分間以上も手と鼻を枝にこすりつけて拭《ふ》く。同じマッサージ行動は他の獲物にたいしても行われ、毛のないイモムシやバッタ類でも見られる。この行動は生得のもので、昆虫を捕まえることができる能力をもつ前の、生後2カ月で昆虫を食べることができるようになった時点で、マッサージ行動が現れるのである」

アンワンティボの手のひらには、痕跡《こんせき》的な人差し指と親指の付け根の突起が向かいあっている。アンワンティボの手の大きさは5センチメートル程度で、ケムシの標準的な大きさよりちょっと大きい。この手ならケムシを大きく開く親指と他の指のあいだにできる空間に丸めてつかむことができ、そのとき親指の付け根の突起と向かいあった人差し指の変化した突起は絶妙な位置にある。手のひらにあるふたつの向かいあった突起はケムシの毛をこそげとるのにこれ以上のものはない。

アンワンティボの歯の形は、細部に至るまでイタチキツネザルに似ているが、イモムシのゴム状の表皮と成長した葉の固さが似ていると考えれば、どうだろう。じつに巧妙にも「口と手連合仮説」はこの特別に奇妙なサルの主食と形を説明できるのである。

では、ポットーはどうだろうか？　これはアンワンティボ以上に謎めいている。

ポットー　日本モンキーセンター所蔵の剝製より

2　ポットーの特殊な食物

ポットーはアンワンティボよりもがっしりした体格のサルで、ゆっくりした動きと握りしめる力の強い手が特徴である。その指はアンワンティボと同じタイプの形で、人差し指が短くなっている特別な形をしている。その歯の基本的な構造はアンワンティボと変わらないが、さらに頑丈にできていて、あきらかにより堅い食物をとっていることがわかる。

ポットーの胃の内容物を分析したシャルル＝ドミニクは、果実66・9パーセント、ガム22・3パーセント、昆虫類10・8パーセントという報告をしている。ポットーの食べかたには独特のものがあり、果実はエリマキキツネザルやアレンガラゴと同じようにまる呑みし、バナナ1本を30秒で食べつくすほどどす速いという。こうして、ポットーは体重の8パーセントに達する果実を胃にためこむ。

しかし、ポットーは高さ50メートルにもなるコンゴの熱帯雨林の樹冠部分にすんでいる夜行性のサルである。観察がもっともむつかしい動物のひとつで、その生態がもっともわかりにくいサルだといってよい。

ポットーの謎めいた習性のひとつは、その動物食である。ポットーの握る力はひじょうに強く、鳥類やコウモリを握りしめて殺して食べたという野外での観察があり、鶏舎のニワトリを襲って食べていたという確実な情報もある。ポットーが哺乳類を食べるときはその毛皮の一部を食べ残すことがあるが、鳥類は羽までまるごと食べるといわれている。では、ポットーは霊長類では珍しい肉食者なのか、というとどうもそうではない。

シャルル＝ドミニクは「いかにたくさんの果物を食べているとしても、ポットーは本質的には昆虫食である」という。昆虫のなかでもポットーは他の原猿類に見られないほどアリ類を食べ、列をつくって移動しているアリを舌で掬《すく》い取ったという観察がある。霊長類で昆虫のキチン（窒素を含む多糖類で、昆虫の殻や細胞膜をつくる物質）を分解する酵素、キチナーゼをもっているのは、ポットーとショウガラゴ（230～300グラム。サバンナにすむ原猿類）だけで、ポットーの酵素は昆虫食であるモグラのもつ酵素と同じほど効果的であるといわれている。キチンが分解できれば他の昆虫食のサルたちのようにキチンの殻を噛み破って中の脂肪やたんぱく質を利用するのでなく、昆虫をキチンの殻ごと、まるごと利用できる。ポットーがアリ食いであるとすれば、昆虫をまるごと利用することができるキチン

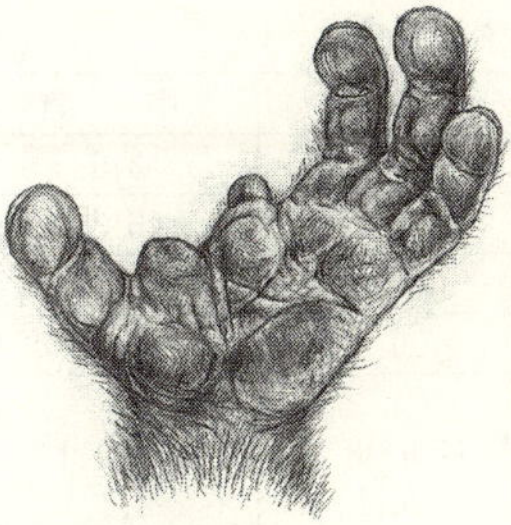

ポットーの手

霊長類が利用できる自然食品の各栄養素の割合

(%)

	たんぱく質	炭水化物	脂　質
昆　虫	70.2	0.5	3.5
鱗翅目	65.2	1.8	16.3
ケムシ	62.3	6.4	21.2
アリと巣	29.0	20.0	4.2
熱帯雨林(ガボン)			
果　実	2.8-8.8	17.4-48.8	0.6-11.1
若い葉	36.3	20.1	2.2
葉	10.2-26.1	13.5-24.9	0.7-1.3
乾燥林(スリランカ)			
果　実	2.8-8.4	4.1-52.2	2.2-20.3
葉	11.9-31.5	5.6-10.3	3.1-7.3

(引用文献20による)

分解酵素をもっている意味がよくわかる。これほど小さな昆虫は1匹ずつ噛み砕いて利用するより、まるごと消化するほうが効率的である。

ポットーは他の昆虫食の原猿類よりも体があきらかに大きく、人差し指が退化し、他の昆虫食者の指先にある吸盤がない。これはショウガラゴやコビトガラゴ(熱帯雨林の原猿類)やネズミキツネザルのような、甲虫を主とした昆虫食者ではないことを示している。ではこれほどに特別な手は何を意味しているのだろう。

シャルル＝ドミニクによれば、ポットーは樹冠部、高さ20〜40メートルにすむという。熱帯では森林のアリは樹上に大きな巣をつくる。もしも、樹上性のアリの巣の高さを計測していたら、ポットーの生活する層に一致したのではないか？　アリの巣はそうとう丈夫で、ポットーの強力な手がこの巣を破壊する道具だとすれば、その生態の情報は収まるべきところに収まる(注)。

注　しかし、なぜポットーの人差し指が退化しているのかは、アリの巣を破壊して採食している行動観察がないので説明できない。これもまた、将来に残された課題となった。そのときのための参考資料として、ラディックによるアリとその巣の栄養分析の結果は有用だろう（前ページの表）[20]。この分析を見ると、他の昆虫食とちがい、アリ食いは脂質ではなくて炭水化物をとることになる。この割合は熱帯雨林の若い葉にひとしい（1種しか分析していないが）。

南米のパンタナルの森を歩いていて気がついたことがある。そこには地上に哺乳類のオオアリクイが、樹上にミナミコアリクイがいて、森のなかのどこにでもあるアリ塚のアリを食べている。アフリカのサバンナにはシロアリの塚があって、これをツチブタが利用しているが、アフリカでは樹上性のコアリクイのニッチは空白である。もしも、これをポットーが利用しているとしたら、と体重を調べてみた。コアリクイの体重は2～7キログラムでポットーよりちょっと大きいが、南米にすむ樹上性のヒメアリクイは体重175～357グラム（一説に300～500グラム）とポットーよりも小さい。この体重はアリ塚の大きさや密度とも関係するのだろう。では、マダガスカルではどうだろうか？　原猿類にはアリを食べるものはいないが、マダガスカルではまったく想像もつかないことが起こる。マダガスカルでは霊長類ではなくて、哺乳類の独立した分類群がこのニッチを占めていたのである。絶滅したビビマラガシ目プレシロリクテロプス属（体重6～18キログラム）は樹上性のアリクイと考えられている。ちなみに、ビビマラガシとはビビ（マダガスカル語で「動物」）とマラガシ（「マダガスカル」）である。

3 アフリカ熱帯雨林の原猿類の食べわけ

アフリカ大陸のガボンには5種の原猿類が同じ場所にすんでいる。これらの原猿類の世界は、樹高50メートルにもなる熱帯雨林であり、それぞれの種はそのすむ場所をさまざまに選んでいるが、彼らは「棲みわけ」ているのではない。ガボンの原猿類5種について、その食物を一覧すると、アフリカの熱帯雨林にすむ夜行性の原猿類5種はみごとに「食べわけ」ている（次ページのグラフ）。

アンワンティボは倒れた巨木の隙間《すきま》にできる二次林の藪《やぶ》のなかで、地上からの高さはせいぜい5メートルまでの低い層で生活し、15メートル以上の高さではまず見られない。アンワンティボは大きな木の幹をまったく使わず、直径5センチメートル以下のツルや小枝を伝って特有のゆっくりとした歩きかたで移動する。このサルは直径が20センチメートルを超す木の幹や枝は、つかむことができずに落ちるという。ポットーが直径60センチメートルもの幹を抱きかかえて登るのと対照的である。

ポットーはアフリカの熱帯雨林の樹冠をのろのろと動いている。その活動範囲は地上5メートルから40メートルまでと広いが、発信器をつけた2頭のポットーの例では、彼らは20～40メートルの高さのところにいつもいたので、直接観察することがほとんどできなかったという。

ニシハリヅメガラゴは低い層から高さ50メートルの最上層の樹冠部までのあらゆる層で活動

アフリカ熱帯雨林の原猿類5種の食性（引用文献49による）

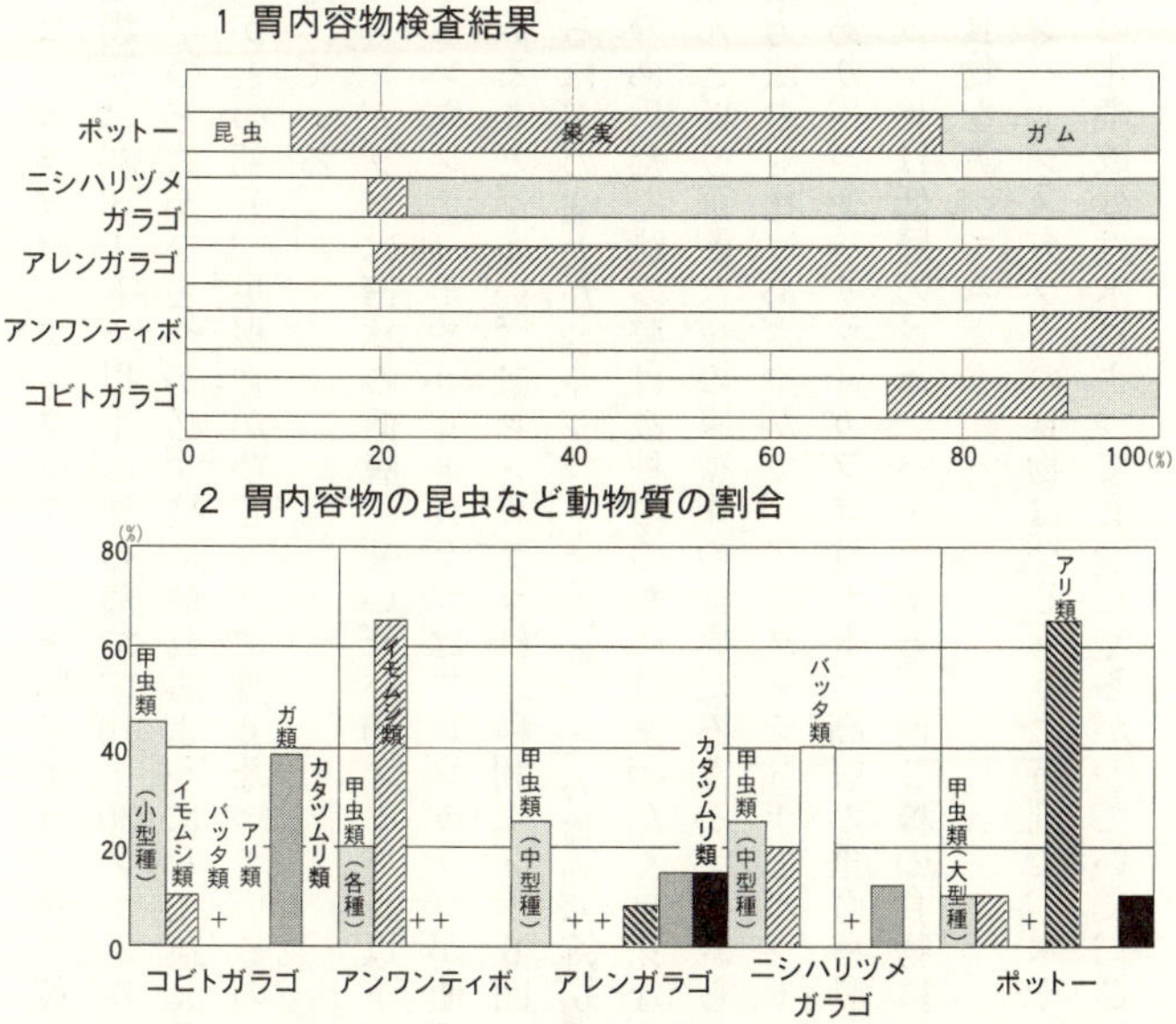

しているが、このサルが利用するのは大きな枝とツルで、両手両足を広げて太い幹に爪を立てて抱きついた格好で上下に動く。コビトガラゴは1・5〜2メートルも跳ぶが、ニシハリヅメガラゴはその4倍の体重にもかかわらずふつうの状態で2・5メートルを跳び、最大のジャンプは距離にして5メートル、高低差3・1メートルに達する。しかし、もっと驚くことに、このサルは両手両足をいっぱいに広げて高低差8メートルも飛び降りることができる。ニシハリヅメガラゴにはわきの下と太股《ふともも》の付け根に皮ひだがあって、ムササビのようにこの皮ひだを広げて空気抵抗を利用する。

コビトガラゴは、アンワンティボと同じように葉の茂みやツルの多い場所で活動する。利用する場所は30メートル以下の林の層で、10〜20メートルの高さがもっとも多い。コビトガラゴは手足のどこかひとつが必ず枝に触れるようにして跳ねるように軽快に走る。このサルは足指のかかとの部分、足根骨《そくこんこつ》がひじょうに長くなっているので歩幅が広く、理想的なランナーの体をもっている。

アレンガラゴは密林の低層、せいぜい10メートル以下の下層で生活している。同じ層で生活するアンワンティボやコビトガラゴはアレンガラゴが使う細い木の幹よりも、葉群やツルのなかにいることが多い。アレンガラゴは5秒間に5〜6回のジャンプを行って、12メートルを移動するほどの強力なジャンパーである。この強烈な跳躍のあいだはまったく休まないので、木々のあいだを跳ぶ姿は数秒ののちにはまったく見えなくなるという。

なんという華麗な夜の原猿類の世界だろうか。これらのアフリカの熱帯雨林の原猿類5種の移動方法の対比はあざやかで、アンワンティボとポットーはそれぞれ低層と高層ののろのろ歩きであり、ニシハリヅメガラゴはおもに高層の垂直移動、コビトガラゴは低層のランナー、アレンガラゴは低層のジャンパーである。前2種の食物についてはすでに述べたので、あとの3種の食物を調べてみよう。

ニシハリヅメガラゴの食物はひじょうに特別で、木やツルのガムを主食にしている。ガムや樹液の化学成分は木によってまったくちがっていて、ひじょうに多様なので、原猿類が食べる木やツルの種類はごく限られているが、ニシハリヅメガラゴがもっとも好むのは、巨大な豆をつけるツル植物のモダマ（*Entada gigas*）で、このツルのある場所とこのサルの観察される場所とはまったく一致していて、ニシハリヅメガラゴがこのツルのガムにどれほど依存しているかがわかる。ガム食のサルたちはガムをよく出す特別な種類の木やツルを記憶しているので、その場所を決まったパターンで訪問する。

また、ニシハリヅメガラゴは、太い木の幹やツルに張りついてガムや樹液を食べるために、ふだんはまるでネコのように鋭い爪を指先の丸い吸盤の内側に引っこめていて、必要なときに突き出して使うことができる特別なしくみをもっていることで知られている。さらに、その舌は、ガボンの熱帯雨林にすむ5種の原猿類のなかでもっとも長く、この長い舌とまっすぐ前に突き出した切歯とで、ガムを掬い取り、舐《な》め取って食べるのである。この歯と指の構造は、マダガスカルのガム食者フォークコビトキツネザルによく似ている。

アレンガラゴは、エリマキキツネザルと同じように果実を呑みこむ。体重の8パーセントにもあたる20グラムもいちどにおなかに詰めこむという。ニシハリヅメガラゴの下顎とくらべると、切歯と犬歯とで形成される櫛歯の突き出しが弱く、犬歯状の小臼歯も目立たない。下顎の骨は細長く、たしかにエリマキキツネザルの下顎と相似形で、ただサイズが小さいだけである。

アレンガラゴの動物食には他のガラゴ類にはない特徴があり、中型の昆虫とガ類のほかにカタツムリ、カエルなどを食べる。野生のアレンガラゴの胃の内容物検査によるとカタツムリや

コビトガラゴが食べた昆虫類の種類の割合

（%）

	質的分析	量的分析
鞘翅目（甲虫類）	83	46.2
鱗翅目（蝶蛾類）	67	32.6
ケムシ（幼虫）	42	11.2
半翅目（セミ類）	17	—
直翅目（バッタ類）	17	10
サナギ	17	—
ムカデ類	17	—

（質的分析とは，集めた標本〔胃〕の全数にたいするそれぞれの昆虫が見つかった割合を示す．量的分析とは重量割合を示す）

カエルは動物質食物のそれぞれ15パーセントと8パーセントを占めていたし、飼育下では、カエル、トカゲ、小さなネズミなどの脊椎動物をよく食べるので、その藪を飛び抜ける特異な行動様式も、この小型動物食から説明できるかもしれない。

ガボンの5種の原猿類はどれも昆虫を食べるが、その好みはそれぞれ異なっている。アンワンティボやポットーはゆっくりと歩いて匂いを嗅いで昆虫を探しあて、ケムシやアリといった他の霊長類に好まれない昆虫を食べているが、ガラゴ類は藪のなかを活発に動き回って昆虫が飛び出すのを見つけ、よく動く耳でかすかな物音を聞き取って獲物を捕まえる。ニシハリヅメガラゴは樹冠の透けた場所で昆虫を探し、バッタ類と中型の甲虫類、さらにはイモムシを食べる。また、アレンガラゴは主として地上で、さまざまな種類の小型動物を食べる。

これらに対して、コビトガラゴはツルでこみいった茂みのなかで小型の甲虫類と夜行性のガ類を探して食べる。コビトガラゴはほぼ完璧な昆虫食（胃内容物の72・1パーセントを占める）で、その昆虫の46・2パーセントが甲虫類で占められている。この小型原猿類の主食が甲虫であることはあきらかで、その指先、歯の形はネズミキツネザルによく似ている。

シャルル＝ドミニクはコビトガラゴの独特な歩きかたを連続写真で表しているが、驚いたことにこのサルは手の指先を枝の上につけないで歩く。アイアイが地上で歩くときにその指を地面につけない様子によく似ている。このコビトガラゴの場合は甲虫の捕獲用具としての指先があまりに吸着力に優れているので、木には直接つけられないのだろう。ここでも主食を示す指先が歩きかたに密接に関係している。こうしてアフリカの夜行性原猿類についても「口と手連合仮説」は適用できることがわかる。

4　夜行性原猿類の体重と食性

夜行性原猿類の食性はじつにさまざまで、昼行性原猿類や真猿類に特徴的な、果実と葉の混合された主食構成がほとんどない。また、夜行性原猿類では体重によって食性にある程度の傾向がある。たとえば、昆虫類を主食にする原猿類は、体重100グラムまでの小型種である。ベルテネズミキツネザルという超小型種については、今後の生態研究が必要で、これはまた別の局面を示してくれるかもしれない。

体重100〜600グラムでは、昆虫、果実などのミックスされた食性の種とガム主食の種に大別される。ミックス食性の場合は、それぞれの種で食物の構成に特徴がある。たとえば、アレンガラゴの場合はカタツムリ食が相当量を占めるというふうに。

体重1キログラム以上では、葉、カタツムリ、アリ、ガム、種子の仁というようにひじょう

夜行性原猿類の体重幅と食性

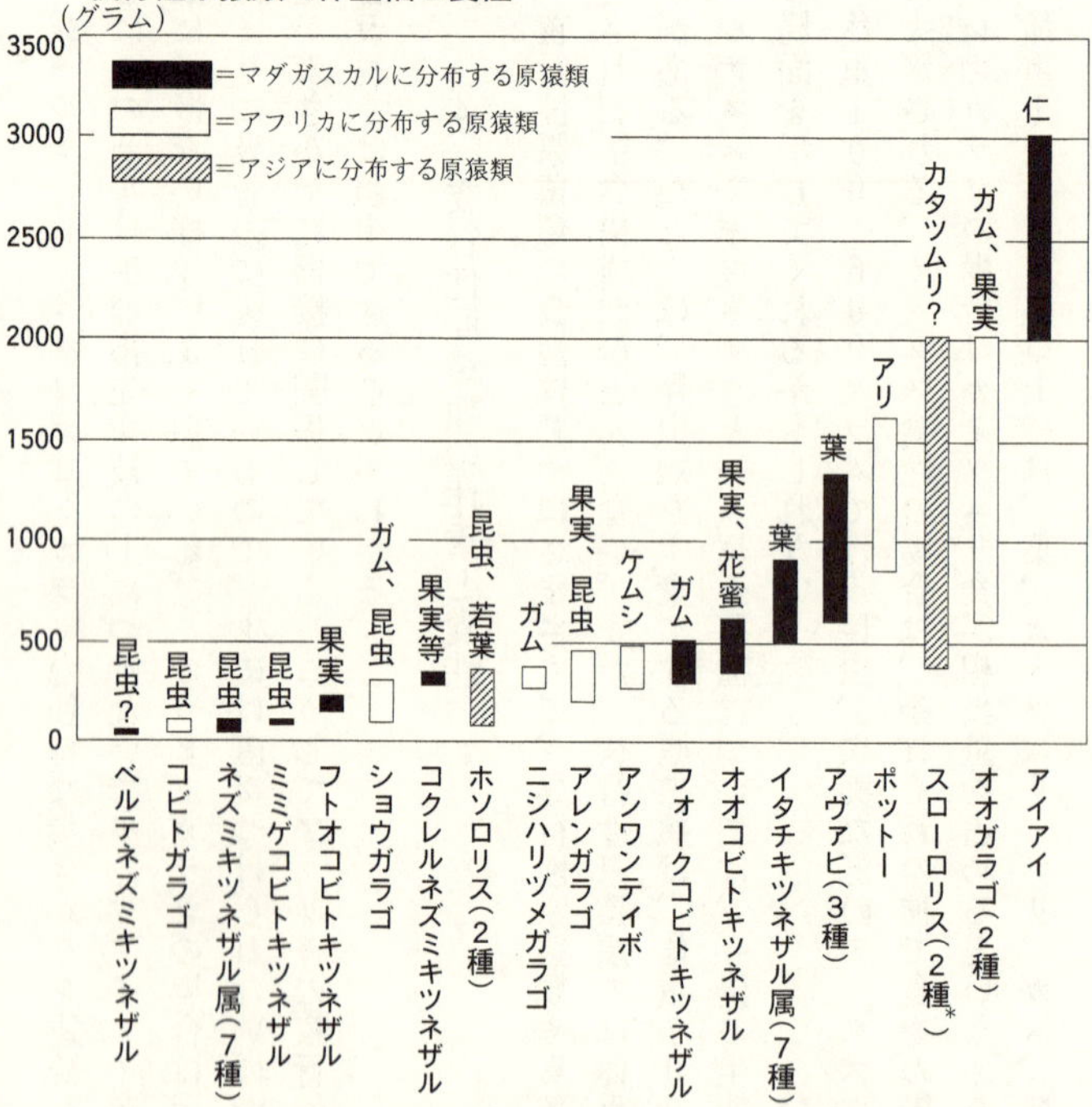

(＊：スローロリスの２種は，その体重から見て，まったく別の食性だと考えたほうがいい．その体重幅はニシハリヅメガラゴより大型のすべての夜行性原猿類をカバーすることになるほど広いからである)

にバラエティーに富んだ食物を主食にするものばかりである。果実も食べてはいるものの、それを主食にするものはまったくいない。

この主食のバラエティーこそが、夜行性原猿類の奇妙な指の形を説明している。

たとえばアフリカのサバンナにすむオオガラゴ属の食物は、ガム（62パーセント）、果実（21パーセント）、花蜜（8パーセント）、種子（4パーセント）、昆虫など（5パーセント）で、南アフリカではイチジク類とジャッカルベシー（カキノキの1種）のように果実の時期が長い樹種や、ガムをいつも生産している樹種がない場合は、その地域にはオオガラゴはいないといわれている[50]。

オオガラゴは、手がかりのない太い幹に逆さまになりながら樹液を食べるという樹液・ガム食者に共通の特殊な姿勢ができるが、これは手の特別な把握能力のためである。別段変わったところもなさそうに見える手の指先が常に曲げられている点が曲者《くせもの》で、幹や枝を握るのではなくて、樹皮に指先を突き立てる握りかたをしてこの特別な姿勢を維持するのである。こうしてみると、指の形といっても、ただ外観だけに惑わされてはだめで、やはりその生活のなかでの機能を解明することが必要だとつくづく思う。

5　体重と食性の問題

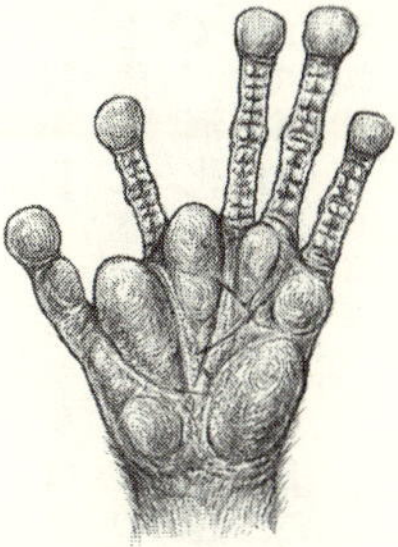

オオガラゴの手　指先でつまむようにつかむタイプの手である

動物の体の大小はその動物が選ぶ食物と密接な関係がある。同じ系統のなかでは、たとえばジェントルキツネザル属の場合のように、より大きな種はより栄養の少ない食物を食べる傾向があるが、これが絶対の法則というわけではない。それぞれの種はそれぞれに独特の主食を開発する能力があるからである。

R・D・マルチンは大著『霊長類の起原と進化――系統の再構築』(2)の一章を「霊長類の食物と歯」に捧げ、霊長類の食性を集大成している。彼は42種の霊長類を含む73種の哺乳類について、消化器官全体、小腸、盲腸、大腸のそれぞれのサイズと体重との相関を示しているが、なかでも植物繊維を分解する機能をもつ盲腸の表面積と体重との相関は、人類とノドジロオマキザル（体重3キログラム）を盲腸が小さいという特徴できわだった位置に置いた点で注目される。アイアイの盲腸のデータはマルチンの一覧には載っていないが、オーウェンの論文(5)から計算することができる。これによるとアイアイの盲腸の表面積は、約4平方センチメートルで、体重3キログラムのアイアイでは、マルチンの等式〔$y=0.75x$；$y=\log$（盲腸の表面積cm²），$x=\log$（体重g）〕で期待される値2・25よりも2桁も下の0・6で、オマキザルとほとんど同じほど盲腸が縮小している。

この盲腸の表面積と体重との関係で、アイアイなどとは対極にある例外的に盲腸の大きなグループが、レムール類にいる。それはアヴァヒ（インドリ科）とイタチキツネザル類（メガラダピス科）である。これらの盲腸は、ウサギ類、ハイラックス類（イワダヌキ類）とともに哺乳類としても例外的に大きい。こうして哺乳類のなかに並べると、イタチキツネザル類がウサギ類と同じ位置に来る理由がわかる。すでに見たように、イタチキツネザル類は成長した葉食者であり、ウサギ類と同じようにフン食もするのである。

さらにマルチンは臼歯の列の長さを調べ、体重との相関も求めている。それによれば「明らかな例外である人類を除けば、真猿類では頭骨と臼歯の長さの対数をとってグラフ上に並べると、ひとつの直線をつくる。……多くの原猿類は昆虫食哺乳類の関係直線にほとんど対応する——もしも、アイアイを明らかな例外として除けば[2]」と言う。つまり、ヒトの臼歯はその頭の大きさと比較すると霊長類としては例外的に小さいが、アイアイもそうだということである。

これを見ると、ヒトの形態学的特徴をひとつひとつあげて、その例外的な形について確認しても、現生のヒトは野生動物ではないのでその生態はわからず、その特徴の生物学的意味もわからない。そこで「例外、例外」と言っているという感じは否めない。

しかし、例外こそ数式が語ることのできない問題を含んでいる。盲腸の表面積で、アイアイは人類とノドジロオマキザルとともに、霊長類としては例外的だった。この臼歯列の長さでは、アイアイは人類とともに例外である。

まったく歯式が異なるアイアイと人類。片方は伸びつづける切歯1本だけで、犬歯さえない。人類の犬歯はすべての歯でつくる平面の一員として、平らになって自己の存在を主張することはないが、人類は後生大事に古い型の歯式を守って、1本の欠落もない。これほどかけ離れた動物どうしなのに、ある関係はあきらかに同類であることを示しているとは！

つまり、人類とアイアイは、そしてたぶんオマキザル類も、霊長類としてはあきらかな例外者として同じ位置に立っている。数式処理だけからでは、この例外の意味が見えてこないが、生態を知るものは、「ああ、なるほど」と思いあたるふしがある。

オマキザル類は中南米にすむ体重1~3キログラムの比較的小型のサルで、その食性は中南米のサルではもっとも幅が広く、果実、種子、昆虫、小脊椎《せきつい》動物から海岸ではカキやカニまで食べる。しかし、主食は石果《せきか》である。観察者は石果と堅果を区別して、10種の南米霊長類が食べた植物性食物184種のうちオマキザル属2種が食べたのは128種であり、そのなかで石果は30種と、他の霊長類にくらべると石果食に偏っていると報告している。[51] アイアイの石果食を知るものにとっては、オマキザルの食性はひじょうに興味深い。このヒトを含む霊長類3種の食物は、それぞれ別だろうが、高いカロリーの（そして消化しやすい）食物という一点で共通項があるのだと仮定すると、盲腸が小さいという、消化系の形が共通する理由が見えてくる。

だが、高カロリーの消化しやすい食物という点で共通項があったからといって、ただちに初期人類が石果食だったことが示されるわけではない。それぞれの種に特有の主食は、個別の特別な食物である。しかし、これを表面的に見れば、初期人類の堅果食仮説を示すデータに見えるので、マルチンはこの仮説を支持している。この仮説の批判は第7章で扱うことにする。

体重と食物との関係に関心を示した研究者にアメリカの霊長類生態学者ラディックがいる。

「（小型種は昆虫食であるが）種が大きくなればなるほど、果実の必要性はより増大する。……より大型の種（0・5~2・0キログラム）では、主食として果実に頼っている。……もっとも大きな種（3~10キログラム）では、果実からのたんぱく質だけでは必要な量をまかなうことができないので、どこにでもある葉というたんぱく質供給源に頼るようになる[20]」

このような定式化は原猿類まで扱うと意味をもたなくなる。本人も認めざるをえない。

「上記の体重と食物との関係は、２〜４キログラムの昼行性原猿類にはあてはまらない。これらの種は果実と葉を主に食べて、昆虫を食べないのである」

「まったく原猿類というやつは！」というラディックのため息が聞こえそうだが、彼はその理由を独創的な見解から引っ張り出す。

「原猿類の手はある一定方向への動きに固定されていて、真猿類に見られるような複雑な動きができない。その結果として、原猿類は真猿類の採食テクニックを発展させることができなかったし、果実食に加えて葉食を一部とする食物戦略は、比較的小さな種によって取られることになったのである」と。しかし、すでに見たように、原猿類の手は複雑な動きができないどころではない。アイアイはどんな真猿類ももっていない複雑な動きができる。これもまた、例外ということにするのだろうか？

生物学における理論化はひじょうにむつかしいもので、いくつかの事実を一般化しようとすると、重大な例外がいくつも出てくる。たとえば、イタチキツネザルの５００〜９００グラムの体重レベルは、ラディックによれば、「主として果実、たんぱく質の不足分を昆虫で補う」はずである。だが、これは完璧に葉食なのだ。

先に夜行性の原猿類の体重レベルと食性の特徴を一覧したが、もっとも大きな体重グループ

（1キログラム以上、アイアイの3キログラムが最大）では、多様な食物を主食としていた。これは、夜行性原猿類のもっとも大きな体重グループでは生存のための特別な主食の開発が必要になることを示している。これを逆に、ある特別な主食を開発した種は、特別な体重レベル（夜行性原猿類では1キログラム以上のグループ）になるということもできる。

小型種は小型の食物に対応する。大型種は大型の食物か、たくさん取れる食物に対応する。しかし、それぞれの動物種の大きさには臨界点がある。昆虫や草や葉といった普遍的にあるものを食べることに適した大きさを逸脱した動物は、この臨界点の外で生きることになる。これらの種は生存のためにより困難な道を選ぶ。それは通常のニッチの隙間（空白のニッチ）を開発することを選んだ動物たちである。それは必然的に特別な食物、独特の生きかた、特殊な形、例のない移動方法をとることになる。アイアイのその独特な形は、果実食の原猿類からは例外的な石果食に対応したものだったが、人類の選んだ道もまた、この特別な形にふさわしい、特別な生きかただったにちがいない。それは臨界点の体重に関係している。夜行性の原猿類ではアイアイの3キログラムは例外的に大きいが、体重50キログラムの人類も昼行性の真猿類としては例外的に大きい部類である。

第4章　ニホンザルのほお袋と繊細な指先

夜行性原猿類はおおむね限定された主食とそれに対応した歯と指の形をしている。それは「口と手連合仮説」を支持する。しかし、疑問は残る。「口と手連合仮説」は原猿類の特別な形とその特殊な食性は解明できるかもしれないが、真猿類についてはどうだろうか？　たとえば、典型的な温帯性のサルであるニホンザルは、めぐる季節に応じてそこにあるものを食べるという便宜主義者なのだから、特別な主食などあるわけもなく、主食と手と歯の形の対応などできるはずもないのではないか？

これは「口と手連合仮説」の弱点として長いあいだ私を悩ましてきた問題で、ニホンザルの手の外見や歯は、まったくいかにもサルという形であって、それがとくに何かに適応している形であるとはとうてい思えなかった。しかも、季節によって食物が異なるのだから、主食を特定すること自体が無意味に見える。

ひとつの説明は、温帯という季節変動が激しい環境のもとでは、主食は多数雑多な食物の組みあわせにならざるをえないので、サルの手や歯の形も一般化するのだ、というものである。しかし、そういう説明にも大きな問題がある。ニホンザルが属するマカク属は、4～5グループ19～20種が北アフリカからインド、東南アジア、そして中国、台湾に分布する。これほど種数が多いのは、ボルネオの東隣のスラウェシ島に7種もクロザルの仲間がいるからである。つまり、ニホンザルの近縁種はアジアの熱帯地方のサルなので、温帯種の特徴として手や歯の形が一般化しているということはできない。

しかし、発想を逆にしてみれば、このニホンザルの形が「サルとして一般的」と見えるのは、日本人として身近なサルが「ふつうのサル」と見えているだけにすぎない。「ふつう」か「ふつうでない」かは、視点を変えればまったくちがってくる。マダガスカルのサルは日本人の目には、「とてもサルとは見えない」とよく言われるが、それはアマゾンのサルたちも同様である。視点を変えて、どこから見れば、ニホンザルの特徴が現れるのかを探してみよう。

じつに好都合なことに、私は1970年以来30年間、延々とニホンザルの研究もしてきていて、しかもその野外での食物はテーマのひとつだった。いい機会である。まとめてみよう。

ニホンザルは真猿類オナガザル科マカク属に属すが、マカク属はオナガザル科のなかでも古い形態をとどめたグループで、中新世の約1000万年前にオナガザル科からマカク属、ヒヒ属の共通祖先が分離し、その後マカク属が生まれたと考えられている。その歯は果実の少ない季節に葉食をすることに適応している点が特徴とされている。(52) 印象として言うと、ニホンザルの歯は一見してきわめて頑丈である。この頑丈さは原猿類と比較するときわだっていて、どんな原猿類の歯でも（絶滅したマダガスカルの巨大原猿類を除けば）ニホンザルにくらべると、華奢《きゃしゃ》で、歯を入れたあごの骨がごく薄く見えるほどである。ニホンザルのならんだ歯の列には、外側と内側のエナメル質の堅い白い層にはさまれて中央に象牙《ぞうげ》質の層があって、そうとうに堅い食物まで摺《す》り切るように刻むことができることを示している。この頑丈な歯を見ると、真猿類の真骨頂《しんこっちょう》は乾季や冬季に栄養分の少ない、繊維の多い食物を取り入れられることなのだ、と思わせるほどである。

マカク属は熱帯雨林から温帯まで生活できる広い適応能力がその特徴で、食物を一時保管できるほお袋をもっている。日本人からいえば、もっともサルらしいのは、このニホンザルの姿形だけれども、食物を口に入れて膨らませているのは、他のサルたちには見られない独特の形である。独特の形の意味を問うことは、そのサルの独特のニッチを知る近道である。それはいつものことながら、常に食物に関係する。

1　ニホンザルの食物の季節的変化

ニホンザルの食物については幾多の論文があるが、植物性食物の部位と季節、食べる頻度などを詳細に調べた房総《ぼうそう》丘陵の調査結果は、自分たちでつくったものとはいえ、たいへん参考になる[53]。この多くの研究者がかかわった膨大なリストには、ニホンザルの食物の移り変わりがはっきり示されている。また、このリストが利用しやすいのは、サルが食べたことが確認された食物すべてについて、観察期間と利用の程度を判別する記号をつけていることで、食物のなかでもっとも重要と見られる食物は、「ある期間には、サルが明らかに強く執着して採食するのが認められる食物」という印がつけられている。

それらのニホンザルにとって重要な食物を季節ごとにあげると次ページの表のとおりである。

この一覧をまとめた時点では知られていなかったが、外来種のニセアカシアは、植林され、まとまって花が咲くので、春には重要な食物だった。冬には地上に落ちているコナラ、クヌギやマテバシイの堅果を熱心に探して食べ、夏にはアオバハゴロモやセミも捕まえられる限り、捕まえて食べていた。

このようなニホンザルの食物をどのようにまとめられるだろうか？　ニホンザル野外研究の先達、間直之助《はざまなおのすけ》は比叡山《ひえいざん》のサルの食物を植物性のものだけでじつに370種を調べあげているし[54]、房総丘陵でも203種に達している。しかし、そのすべてが同じ意味をもっているわけではなく、ニホンザルは多くの種類の食物を食べることができるが、主な食物は限られている。ニホンザルの食物をまとめた中川尚史《なおふみ》さんの言うように「丸橋[55]によると屋久島の場合、……上位3品目で49・3パーセント、……上位10品目では実に83・7パーセントを占めており、彼らが多くを依存する主要な食物というのは、わりと限られているのである」[56]。

マダガスカルの生活から日本にもどって房総半島を歩くと、その季節の移り変わりが肌に感

房総丘陵のニホンザルの主要な食物とその季節

（月）

食物種と部位名	1	2	3	4	5	6	7	8	9	10	11	12
カクレミノの葉柄	■	■	■	■	■	■		■			■	
オオシマザクラの葉			■	■								
モミジイチゴの果実				■	■							
ネムノキのシュート				■	■	■						
クズの茎				■	■	■	■	■	■	■		
ヤマザクラの果実					■	■						
ヤマグワの果実					■	■						
イチゴツナギ属の果実					■	■	■					
マタタビの茎						■						
ヤマモモの果実						■	■					
ウワミズザクラの果実							■					
ヤブデマリの果実							■	■				
ミツバアケビの果実							■	■	■	■	■	
リュウキュウマメガキの果実							■	■	■	■	■	■
クリの果実								■	■	■	■	
カキの果実								■	■	■	■	
コナラの果実								■	■	■	■	■
ヤブニッケイの果実									■	■	■	■
スダジイの果実										■	■	
ムベの果実										■	■	
サルナシの果実										■	■	
ウラジロマタタビの果実										■	■	
マタタビの果実										■	■	
ネムノキの種子										■	■	■
クズの種子	■	■								■	■	■
イヌビワの冬芽	■	■	■									■

じられるほど速いことに驚く。竹ひとつを取っても、モウソウチクのタケノコの季節から ひと月もたつと、もうハチクからマダケのタケノコの季節であり、すぐにメダケの季節に変わってゆく。ニホンザルの食物となっている野生の果実や新芽はごく小さな物が多く、しかも熟している果実は、熟す時期のさまざまな果実集団のあいだから選び取らなくてはならない。そういう季節の移り変わりにあわせて、最適の食物を選び取って指先でつまみ取るのが、ニホンザルの食べかたである。

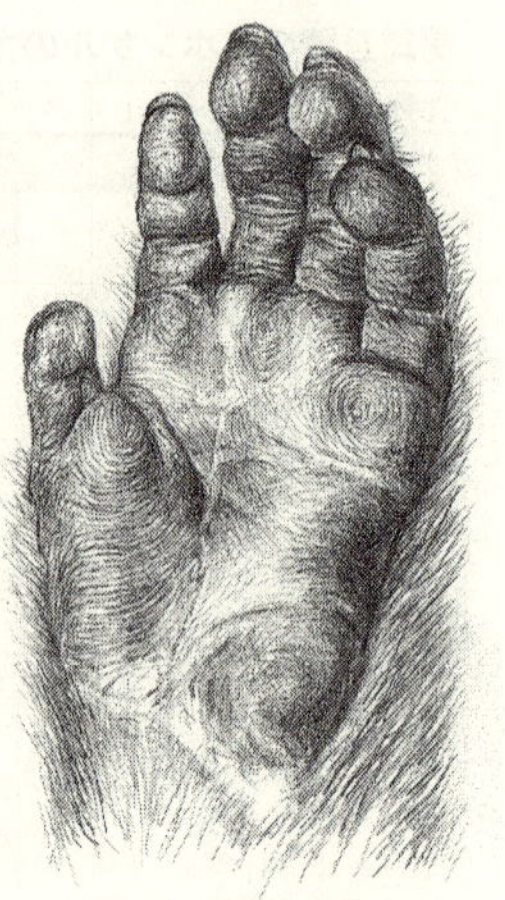

ニホンザルの手

2　ニホンザルの繊細な指先

ニホンザルの手の形は親指を細く短くした人の手に似ていて、ややほっそりして繊細な動きができる。指の関節がよく発達していて、「末端骨（第3指骨）がすべて先端が細くなっている点がヒトに比べて特徴的である」[57]。この先端の細さは親指でことにきわだっていて、人間の親指の先端の骨はニホンザルの指先の骨にくらべるとやや太い。

その親指と人差し指でつまみ取る能力は極限的に発達していて、毛についたシラミの卵までむしりとることができる。体長2・2ミリメートルのシラミの極微の「卵を毛ごと親指と人差し指でつまんで、指全体をひねって接着をはずす」「ひねり取り型」など、卵のつまみ取り型が5タイプに分類されているほどに[58]、ニホンザルの指は器用である。しかも、両手使いである。

餌場で小麦をまくと、彼らは両手で小さな小麦をつまみ取ってぱっぱっと食べつづける。その速さは人間どころではない。岡山県臥牛《がぎゅう》山のサルを撮影したビデオでの分析では、1秒間に2・4回の速さで小麦を拾っている。だから、逆に餌場で第1位のボスを見分けるには、片手でゆうゆうと食べている大きなオスを探せばいいということになる。たとえば、臥牛山群のボス、推定年齢36歳という老齢のキンでは、毎秒1回となる。人の指の特徴のひとつとして、親指と人差し指での精密にして微妙なつまみ能力がよくあげられるが、少なくとも小さな麦粒を両手でつまみ取る速度に関しては、ニホンザルにかなわない。

小さな食物をつまむ房総丘陵のニホンザル　その手はごく小さいものをつまみあげることができ，それを噛みとってほお袋に貯める

3　ニホンザル独特のほお袋の意味

ニホンザルは季節ごとのさまざまな食物に対応している万能型のサルだが、その万能型の秘密はごく小さい食物を高速度で口に運ぶ指先とほお袋のある口の連合にある。彼らは地上では地面に落ちた小さな果実や種子を、木の上では小さな果実や木の芽をつまみ取るやりかたで生きてきた。

ほお袋は小さな種子などを一時貯めておくための貯蔵庫だが、ほお袋の唾液の消化酵素アミラーゼは人間のものよりデンプンをよく分解するという[30]。ほお袋は小さな食物をつまみ取るという指先の機能としっかり結びついているのである。

むろん、ほお袋の発生をマカク属のサルたちの大きな集団社会とそこでの食物をめぐる競合からも説明できるだろう。彼らはできるだけ速く両手を動かして、小さな粒状の食物を拾って口に入れて、ほお袋にしまってから安全な場所でゆっくり消化するという方法を開発した、ともいえる。しかし、もしもこの説明方法を取るなら、大集団の社会をつくるすべてのサルで、なぜほお袋が発生しなかったかということを説明できない。手指の特徴と同じように、口の構造についても、主食から説明するほうが偏りのない整合的な説明ができる。ニホンザルは季節によって移り変わる小型の果実や種子（その多くは堅い）や芽などを主食としているので、これらを精密につまみ取る指先とバラエティーに富む食物に対応したほお袋と頑丈な歯をもつようになったのである。つまり、温帯にすみ、一見あらゆる食物を食べるように見えるニホンザルの形を説明するためにも「口と手連合仮説」は有効である。

第5章　ナックル・ウォーキングの謎

こうしてアイアイにはじまって、マダガスカルとアフリカの原猿類の多く、そして真猿類のニホンザルの手や口の形の特徴が、その主食から説明できることがわかってきた。「口と手連合仮説」はそうとうに有効な仮説であると言ってよい。

しかし、この仮説は類人猿についても適用できるのだろうか？　たとえばチンパンジーについてはどうか？　人類の問題までたどりつこうとすれば、この特別なサルの主食と形の問題が解決できなくてはならないだろう。幸いなことに、私を房総丘陵のニホンザルのフィールドへ誘った西田利貞さんは、タンザニアのマハレ山塊でチンパンジーを長年研究し、その保護のために国立公園をつくって活動していた。

私は「口と手連合仮説」に関する原稿を西田さんに送り、この問題を解決するためにチンパンジーを見せてほしいと頼んだ。いつものように西田さんは、「来ればいいじゃないか」と気軽に答えてくれた。

ナックル・ウォーキング　チンパンジーは指の背を立てて地面につけるが，ゴリラはややつぶれた形になる

チンパンジーを見ることができるなら、ぜひ知りたいことがある。ニホンザルを含めてほとんどのサルは平地を歩くとき、手のひらをつけて平手で歩く。なぜ、チンパンジーは指の背を地面につけて拳固《げんこ》で歩く（ナックル・ウォーキングをする）のか？　それにしても、このことをこれまで誰ひとりまともに取り上げていないのは、なぜなのだろう。

このチンパンジーの歩きかたは、見かたによっては人類の直立二足歩行と同じように特別である。「もしも」と私は考えた。「もしも、チンパンジーのナックル・ウォーキングの意味を解明することができたら、人類の直立二足歩行も同じ手法で解明できるかもしれない」と。そして、それは「口と手連合仮説」によってしか解き明かすことができない秘密なのではないか、と。

1　チンパンジーの森へ

「アフリカに行こう。チンパンジーをその森のなかで、この目で見よう」と、私は決心した。

じつに幸運なことに、かつてマダガスカルをいっしょに回った岩川千秋さんの会社は、ちょうどその年にマハレに撮影に行くことになっており、その力添えで1997年9月にタンガニーカ湖畔のマハレ山塊に西田さんとそのチンパンジーたちを訪れることができた。そこではすでに30年以上にわたってチンパンジーの保護と研究が続けられ、国立公園として整備されていた。

マハレまでの旅路は、ナイロビからチャーターした双発のプロペラ飛行機が、前後上下左右、完全に真っ白のホワイトアウトのなかを高度計と無線だけを頼りに、湖畔の町キゴマまで3時間も飛び、キゴマから西田さん差し回しの船で出発したとたんに、タンザニア海軍の魚雷艇から機関砲を突きつけられて停船命令を受け、揺れ回る丸木舟では小用も足せず、10時間以上の水浸しの航海の末に湖水に跳びこんで悩みを解消しようとする人が出たり、その鼻先にウォーターコブラが現れたり、闇夜のなかを進む船が燃料不足で止まってしまうなど、取り立てて問題になるようなこともなかったので（これがアフリカ！）、湖畔に迎えてくれた西田さんの姿がじつに懐かしかった。翌朝、私たちはチンパンジーの群れのなかにいた。

チンパンジーの群れの真ん中を歩く西田さんのあとを1メートルも遅れないようについてゆきながら、ありとあらゆる質問をした。西田さんにはまったく迷惑だったろう。彼は国際霊長類学会の会長になってからも現役の研究者を続けており、あらかじめ決めたオス1頭をぴったりとマークして、秒刻みで行動のデータをテープレコーダーに吹きこんでゆくといういつもの記録方法を続けていたのだから。それでも、チンパンジーがゆっくり寝そべっているときなどは、こちらもそのそばで地面に寝転がっているから、話を聞く時間はあった。

好物のイチジクを食べたあと、チンパンジーたちは藪《やぶ》のなかで昼寝をしていた。その投げ出した手から1メートルと離れていないところで、私たちも坐りこんでいた。チンパンジーの腕と手の指は長い。目の前の大きな手を見ると、長い太い指にたいして親指が極端に短い。

「なぜ、チンパンジーの親指は短いんですか？」「なんでかなあ」。西田さんはチンパンジーといっしょに昼寝する達人である。

翌日、北へ向かうチンパンジーの群れを追跡して長い登り坂を歩いた。山道のわきに斜めに立った大きな木の上に、数頭のチンパンジーが登っていた。

「カソリヨっていうマンゴスチン（*Garcinia* 属）の仲間や。うまいで」

西田さんはチンパンジーの食べる食物を「科学的に」試している。その直径40センチメートルほどの幹は滑らかで、地上15メートルくらいまではまったく枝がない。その下枝のないマンゴスチンの木の幹を登っていくチンパンジーがいた。しかし、その登りかたがいかにも不自由である。両手で太い幹をつかまえ、両足で幹を蹴りながら、幹の上を歩くように登るのだが、どうもぎこちない。それでもその若いチンパンジーはなんとか登っていったが、そのあとに続いた子供を抱えたメスは、登ろうとして滑り落ちてしまった。私は愕然《がくぜん》とした。西田さんはそれをこう、説明する。

「子供が邪魔で、太い木の幹をしっかりつかめないいんや。それでああいう木には、大きなオスとかオスの若者しか登れない」

しかし、彼は今朝がた、チンパンジーは樹上性であると言ったばかりである。それが木に登れないとは、信じられない光景である。それで思い出した。

マハレ国立公園に来る前に、私はチンパンジーの保護区として有名なゴンベ国立公園を訪れ、1頭の大きなオスのチンパンジーを見た。彼は湖畔のイチジクの木のてっぺんに坐りこんで果実を食べていた。しばらくして、登ってきたヒヒを避けるように彼は木を降りたのだが、その降りかたがいかにも無様だった。彼はわざわざ枝先まで行って枝にぶら下がって、しだいにしなる枝をずるずると降りて、しまいにどすんと地上に落ちたのである。

そのチンパンジーは、私を山中に案内するかのようにしばらく山道をトコトコと四足で歩き、最後に灌木《かんぼく》の幹を握って斜面を跳ね上がり、ひらりと林のなかに身を隠したが、そのいかにも軽そうな身のこなしと、イチジクの木からの不細工な降りかたは対照的で、いつまでも印象に残ったのである。

2　樹上のナックル・ウォーキング！

「やっぱりここや」と、西田さんは自分の先見の明を誇る。「チンパンジーはうまい食物の場所に向かうときには、さっきみたいな特別な声を出す。黙っていればわからないのに、これからあれを食べるぞと思うと声に出るんやな」

西田さんはその声でそれと知って、途中チンパンジーはほとんど見えなかったのに、ガイドといっしょに藪のなかをまっすぐに切りひらいて進み、最短距離で広々と枝を張った大きな木の下の広場に出たのである。

「ブホノや。学名はプシュドスポンディアス・ミクロカルパ（*Psyeudospondias microcarpa*）。ウルシ科の植物で、マハレでは大木になる。この実はチンパンジーの大切な食物で、木の上でどんどん落としているが、下でまた拾って食べるし、少し時間がたってからまた拾って食べる。この木はチンパンジーの分布域のどこにでも必ずあるという木だ」

マハレのチンパンジーの食物として、198種328品目の植物と12種の哺乳類、5種の鳥類、25種以上の昆虫があげられている。[59] しかし、この果実がなければ、という主食はある。そのひとつがこのブホノである。ブホノの果実は6月から11月までほとんど半年間利用される。

ブホノの果実はたしかにチンパンジーのいるところに必ず見られる果実で、ウガンダのブドンゴの森で研究した鈴木晃さんも、「非常に依存度の高い食物」12種のひとつに数えている。[60] もっとも、ブホノの果実はひとまわり大きなアオキの実といったふうのもので、人間が食べてうまいものではない。

食べるだけ食べたオスたちは地上に降りてきて、藪のなかで休む。西田さんもいっしょに寝ころんでいる。ガイドも寝ころんでいるところを見ると、チンパンジーも人も昼寝の時刻なのだろう。私も寝ころんで質問をする。チンパンジーたちはこの大木に登るのに、幹に抱きついて登るという方法をほとんど取らない。地上近くの枝をつかまえるか、木に絡んでいるツルを伝って登る。なぜか？

「そりゃ、ツルがあれば、それを利用するだろう。そのほうが楽やないか」

西田さんは昼寝の時間を邪魔されて、ややそっけない。しかし、私の後ろを指して、にこっと笑った。「見てみい。うらやましいやろ」

私の後ろでは、小柄なチンパンジーがツルを握ってぶら下がった姿勢で、するすると登り、ブホノの大木に向かった。彼は大木の下枝に届くと、その太い枝の上を歩いた。しかも、ナックル・ウォーキングで！

「木の上でもナックル・ウォーキングですか！」と、私は大声を出した。

「いつまでもうるさいやっちゃなあ。眠れへんで。見たままや。木の上でもなんでもナックル・ウォーキングや」

なぜ、ツルをつかむときだけ握って、地上を歩くときは開かないのか。そのほうがふつうじゃないのだろうか？

「何がふつうか？　見たままや言うとるやろ。チンパンジーのふつうはナックル・ウォーキングや。アイアイの中指は地上や木の上を歩くときにも曲がらないし、地面や木につけないんやないのか。それと同じや」

3　主食と指と自然な生きかた

私は電撃が体を走るのを感じた。そうだ！　主食と関係する手の指の形は、ここではこうして、あそこではああして、というふうに融通がきくものではない。それが不自由に見えようと、その同じ形を維持しなくてはならないのだ。それがふつうなのだ。チンパンジーにとっては、長い指を曲げた形こそ主食への接近手段なのだ。そういう目で見れば、太い幹を抱えて登るのが不自由な理由がよくわかる。彼らの世界では、ツルが密林を覆っていることがふつうなのだ。そこにある果実こそ、彼らの主食だからなのだ。

「ああ、あそこを見てごらん。チンパンジーの主食が知りたいなら、あそこに生《な》っているわ。あれはここらではイロンボとよばれている木性のキョウチクトウ科のツル植物の実や。学名はサバ・フロリダ（*Saba florida*）。アメリカのフロリダ？　そうやない。フロリダはラテン語で〝花の多い〟という意味や。イロンボはチンパンジーの大切な食物のひとつで、チンパンジーの行動域の全域にある。8〜9月と11月から1月まで約半年間実る」（7月から3月までというデータもあり、チンパンジーが食べた観察回数がもっとも多い果実である。）

ちょうど1頭のチンパンジーが木のてっぺんに近いところに登って、ツルの先の果実を取っていた。オレンジほどもあるだろうか。直径10センチメートルもある大きな果実である。それが3、4個もまとまって実っている。さっそく、藪をかき分けて、そのツルの下まで行く。チンパンジーが落としたその果実の残りを探してみたが、その実は大きな、褐色の、まん丸のカラスウリといった感じで、中にすっぱい果肉に包まれた種子が詰まっていた。イロンボのツルは直径3センチメートルほどの太いロープほどもあり、入り組んで木を覆っていた。根元の太さは15センチメートルにもなり、森の樹冠を100メートル四方も覆うほど茂る木性のツルである。

「それが繁茂して木を枯らすと、木ごと倒れて道を塞《ふさ》いでたいへんや。そのツル切りだけでそうとうな人件費がかかる」

イロンボとチンパンジー　中身は食べてしまったが，まだもの欲しそうに皮をかじっている

そのツルの直径は人の手で握るには太すぎるが、チンパンジーの指にはちょうどよいという太さである。チンパンジーの長い大きな指は、この太さのツルをひっかけるのにごく都合がいい。西田さんと上原重男さんがまとめたマハレのチンパンジーの食物リストを数えると、198種の植物のうちツルは56種であり、そこにはキョウチクトウ科のイロンボやランドルフィアの果実やツヅラフジ科のティノスポラやマメ科のバフィアの葉など、チンパンジーがもっともよく食べる食物が含まれている[59]。

タンザニアの奥地マハレまで、ここまで来た長い道の

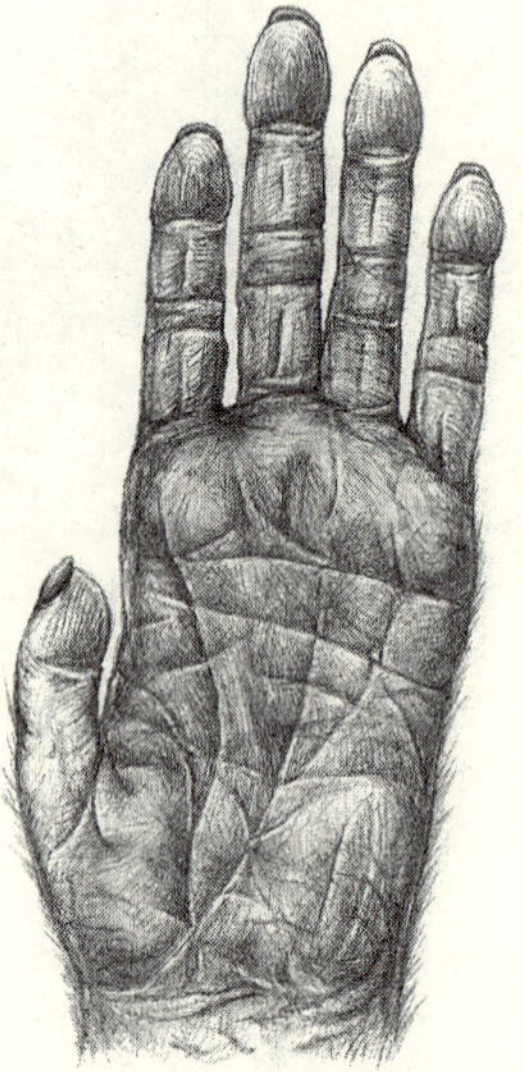

チンパンジーの手

りは報われた。古い諺《ことわざ》だが、「百聞は一見にしかず」は、ほんとうに正しい。このイロンボとチンパンジーの木登りを実際に見た瞬間、チンパンジーのナックル・ウォーキングの秘密は手に取るようにあきらかになった。もちろん、歴戦のフィールド・ワーカーである西田さんの解説つきという条件で。

今でさえ、この太いツルは道を塞いでしまうほどにマハレの森に茂る。チンパンジーの生息地は、こういうツルに覆われた自然なのだ。そこにあるツルや樹木の果実が、チンパンジーの主食である。チンパンジーはこのツルに覆われた密林でツルや木々の先端の果実を主食にしているので、長い腕と長い指で枝先をひっかけられることは便利であるだけでない。ツルを握って移動することが、主食に接近する唯一の道である。チンパンジーの長い先端の曲がった指は、このためにあり、その形のまま太い枝上や地上を移動すれば即ナックル・ウォーキングである。

西田さんが思わず言ったように、アイアイは主食に対応した指先になっているから、地上では指先を地面につけないし、チンパンジーは主食に対応して指先を曲げているから、地上ではナックル・ウォーキングになる。たしかに、そのほうが自然である。ツルを移動するのに都合がよいから、チンパンジーの指が長く曲がっているのではなくて、主食である果実を枝の先端やツルの先端から引き寄せる道具として指先が発達したはずである。その結果、このタイプの指では太い幹を抱いて上り下りすることができず、枝先をひっかける、ツルをひっかけるという樹上での移動様式になったわけで、それを地上移動に利用するとナックル・ウォーキングになる。ツルで入り組んだアフリカの森林のなかで、主食である枝先の果実を引き寄せる道具としての指先の形がナックル・ウォーキングを生み出したのである。

なぜチンパンジーの親指が短いのか、にもはっきりした理由がある。人間タイプの親指は物を握りしめて固定する。私はマダガスカルでパワー・ステアリングのない四輪駆動車を運転していたが、荒地ではこのハンドルはきわめて危険である。ふつうに親指も使ってハンドルを握っていると、荒地のでこぼこで車輪が跳ねたときは、その衝撃が直接ハンドルに伝わり、手のなかでハンドルが回って親指を折るほどになる。ツル渡り、枝渡りでは、これと同じことが起こる。チンパンジーのように全身の体重を両手にかけてツルをひっかけて移動するタイプでは、ツルを握りしめる親指は邪魔物でしかない。

これは指先で枝をひっかけ、樹冠を移動するタイプのサルたち、ウーリークモザル（オマキザル科）、コロブスモンキー類（オナガザル科）、テナガザル科でもまったく同じことで、

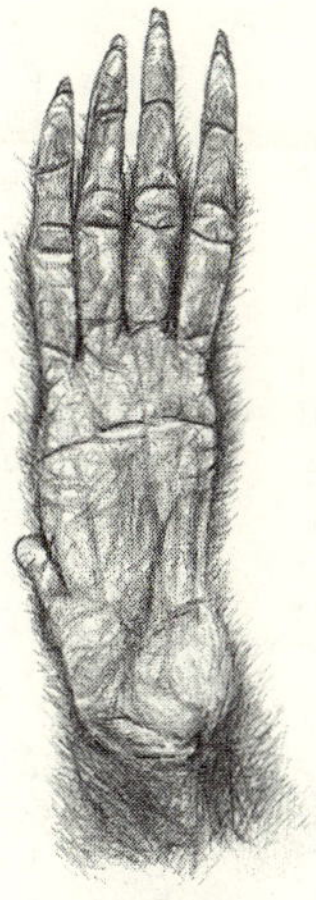

ウーリークモザルの手

その極端なタイプが親指のない、あるいはほとんどない手である。もっとも、チンパンジーの親指は小さくとも残っている。チンパンジーの主食は果実なので、マダガスカルの果実食のサルたちで見たように、果実をつかむには親指の助けが必要なのである。

もうひとつ、西田さんのお得意の果実を紹介しておこう。

4　果実と大きな犬歯

「チンパンジーが果実食という点で付け加えるなら、あのボアカンガ（*Voacanga lutescens*）は大切や」。それは直径10センチメートルもある球がふたつつながったような珍しい形の果実である。

「割ってみるか？　君のその大きなナイフやったら大丈夫や。これはキョウチクトウ科の植物で中に甘い果肉が入っているが、果皮が3センチメートルもの厚さになるから他のサルたちはとうてい食べられない。これはチンパンジーに食べられるためにできたのやと、私はにらんでいる。人間がこれを口だけで剝《む》こうと思ったら、そうとう難儀やろう」

このとき、私は人間の歯列が平坦である理由、犬歯の縮小といわれている意味を理解した。ナツミカンを剝こうとすれば誰でも経験することだが、厚く、固い皮を剝くには、鋭い牙かナイフが必要である。初期人類からはじまる平坦な歯列、短い犬歯は、この能力をもっていない。

果実食、しかもツル森林の生活者、チンパンジーがナックル・ウォーキングをするのは当然であり、大きな犬歯をもつのは、当然である。「口と手連合仮説」はそれだけなら、「主食はその霊長類の種の指と歯の形を決定する」という生態と形態をつなぐ関係を示す仮説にすぎないが、霊長類では手の使いかたは、その種の生活する環境に対応するので、そのサルたちの歩きかた、移動方法を説明する原理となりうる。主食はその動物の指の形と歯の形を決定しているし、その独特の歩きかたも決めている。アイアイもチンパンジーもそうだ。初期人類もきっとそうにちがいない。私はそう確信した。

その日、私はウォーターコブラがいようと、カバが出てこようと、何も恐れるものはない、と夕日が落ちてゆくタンガニーカ湖で水浴びをした。ゆっくりと波に揺れながら、アフリカに来たことを心から感謝した。振り返ってマハレ山塊を見上げる。渚《なぎさ》にイボイノシシの群れが出ている。いつも出会う親子連れの群れだが、彼らは前足を折って、頭の位置を低くして草の根を掘り起こすように食べる。その姿勢はいつ見ても驚異である。「いつかは、あのイボイノシシの食べかたの秘密を解き明かす……」と考えて、頭を振った。とてもそこまでは、私の人生がもちそうにない。

ボアカンガの果実の切断面 果皮がとびぬけて厚いので，長い犬歯かナイフなしには中央の果肉に達せない

第6章　ゴリラとオランウータンの謎

チンパンジーのナックル・ウォーキングと主食を「口と手連合仮説」はたしかによく説明した。「しかし、ゴリラやオランウータンの指の形を『口と手連合仮説』は説明できるのだろうか？」という疑問はもっともである。「日本人にとってはサルといえばニホンザル、そのつぎにゴリラ、チンパンジー、オランウータンと並ぶ。その半分だけ取り上げて、あとは知らないというのでは、『口と手連合仮説』とはいうものの、説明しやすい種だけを任意に取り上げて逃げているという批判は免れまい」という批判ももっともである。

別に逃げも隠れもしない。しかし、私は自慢ではないが貧乏である。財産と名のつく物には、生まれてこのかたまったく縁がない。まして、日本では例の少ない独立研究者である。国の支援がない。チンパンジーを見るという目的だけでタンザニアに行けたのは、友人たちの好意に助けられたからで、幸運はそうそうなんども続かない。ぜひ見たいとは思うが、なかなかむつかしい。「ゴリラの論文を読めばいいじゃないか？」と言われるかもしれない。しかし、他人の論文を読むだけでは隔靴《かっか》掻痒《そうよう》、かゆいところに直接には手が届かない。「そこ。そこなんだけど、ちょっとちがう」という感じになる。どうしても実物を見ないと、その微妙なところがわからない。「動物園でもいいじゃないか」という向きもあろう。むろん、動物園にも通った。しかし、これは間違ったイメージをゴリラに抱くだけだと思い知った。飼育している状態と野生でもっともちがっているのは、なんといってもこの食物の条件である。

もうひとつ問題がある。ゴリラのなかでもっともよく観察されているのは、マウンテンゴリラだが、その生息地域はアフリカでももっとも人口密度の高い地域で、保護区の公園内にもウシが放牧されているほどだから、ゴリラがどれほど人為的な影響を受けているかはかりしれない。マウンテンゴリラとは言うものの、実際の生息地からそうとうちがった場所においつめられたゴリラたちなのかもしれない。このことが、「口と手連合仮説」をゴリラで試してみるのに二の足を踏んだ理由のひとつでもある。

しかし、ことはわが仮説の信憑性《しんぴょうせい》にかかわる。実際に行くのが無理でも、なんとかやってみなくてはならない。

ゴリラの野外観察の先駆者、アメリカ人動物学者ジョージ・シャラーの458時間の観察時間をしのぎ、ゴリラについてほんとうによく観察した人は、なんといってもダイアン・フォッシー（Dian Fossey）だろう。私は直接には1回しか会ったことがないので、長身の彼女について知っていることはまったく間接的なものでしかない。ゴリラを守って殺されたこの妥協なき、非凡なアメリカ人女性のゴリラ観察には、余人の追随できないものがある。学術論文以外では彼女のたったひとつの著作となった『霧のなかのゴリラ』(61)(1983)には、18年間の集中した観察記録の粋が尽くされている。これを参考にしよう。

マウンテンゴリラが生息するのはウガンダ、ルワンダ、コンゴ3カ国にまたがるヴィルンガ火山地域である。この地域はひじょうな高山地帯で、フォッシーが開設したカリソケ研究センターでさえ標高3050メートル(!)の高地にある。ゴリラはこれよりも低い標高にも生息しているが、ゴリラが保護されている公園の境界は、一般に標高2500メートル以上となっている。むろん、人間の影響が少ない時代には、もっと低山地帯にもゴリラがいて不思議ではない。

1　ゴリラの食物

フォッシーの「ゴリラの食用植物」のリストでは、草が圧倒的である。樹木の葉を食べるサルは多いが、こういう霊長類はちょっと例がない。しかも、これに加えてシダ類、寄生植物、ツル植物などが、ゴリラの食物の主たるもので、このリストが手がかりである。

カリソケ研究センターのまわりの植生は、鞍部《あんぶ》帯、ヴェルノニア帯、イラクサ帯、竹藪帯、雑木帯、ジャイアント・ロベリア帯、アフリカ高山帯の7つである。あって当然の森林帯がないのは、2500メートル以上の高山が対象だからである。

「鞍部帯は、つる植物や草など地面層の植物の種類がきわめて豊富である……。（ヴェルノニア帯の）ヴェルノニアの花や樹皮、果肉はゴリラの好物である」、「タケノコが出はじめると彼らは山腹を下り、迷うことなくまっしぐらに竹藪に移動する」、「雑木林には、……おいしい果実をつける灌木《かんぼく》や木、ゴリラが夢中になってさがす樹皮をもつ珍しい木が多い」。

「ゴリラは山腹より鞍部帯に新しい遊動域を獲得することが多い。鞍部の広大な土地は、ゴリラの好きな植物が種類、量とも格段に豊富だからだ。ゴリラたちは調査域の七つの植物帯にみられる五八種ほどの植物を食物にしている。葉、若枝、茎が彼らの食物のおよそ八六パーセントを占め、果実はわずか二パーセントにすぎない。彼らは糞《ふん》、土、樹皮、根、幼虫、カタツムリなども食べるが、草や葉にくらべるとその量ははるかにすくない。いちばんふつうに利用されている草本植物はアザミ、イラクサ、セロリである。ガリウム（注）のつるはゴリラの食物のかなりの部分を占めている」

ゴリラの好物はつぎの植物だと、フォッシーは書いている。ピゲウム（カシのように高さ18メートルにもなる樹木）の果実、ヤドリギの一種ロラントゥスの葉状の花、サルノコシカケのようなマンネンタケとよばれるかたいキノコ。しかし、好物が主食とは限らない。その手や口の形を変えるほどの食物こそが主食である。ゴリラの主食は草やツルのようだ。ガリウムとはどんなツルなのか。こういう細部は、書いている本人にとっては当たり前のことなので、見たことのない者には想像できない。草といってもゲラダヒヒは草の塊茎《かいけい》を掘って食べる。草

坐りこんで草を食べているゴリラ（©白石あづさ）

やツルのどの部分をどのように食べるのか？　主食を特定するためには、そこが問題である。

「健康なゴリラが残す鎖状の糞塊は、みた感じもにおいもウマの糞に似ている」。これはゴリラが主に繊維質の多い草やツルを食べていることを示している。ウマはウシのような反芻《はんすう》胃をもっていないが、ゴリラもそうなのだとわかる。こうして少し、ゴリラのニッチに近づいてきた。アイアイのニッチ論争でも述べたが、他の動物のニッチとくらべることはその動物のニッチを確定するうえではひじょうに参考になるし、その作業は決して軽視できない。しかし、それだけではゴリラの主食には至らない。主食とは、それなしではその動物が生きていけない食物である。その食物を開発することで、その動物が生きていくニッチが確保される。他の動物では利用できない食べにくい植物を、手と口の形を変え、手と口の使いかたを変化させることによって、食べることができるようになったときに、その主食が開発され、その動物がしっかりしたニッチに落ちついていると言うことができる。だから、単に草というだけでは主食は特定できない。それがどういう草で、そのどういう部分なのか？　それをゴリラがどう処理するのかが問題である。

「生後七カ月くらいのゴリラのあかんぼうは、……食べるために植物をひきぬくことはできるのだが、葉をむしったりつるを丸めたりして食べられるようにする技術がまだ伴わない」

「なに！」と、私はここまで読み進んで色めき立った。ゴリラには食物を準備する手順があるのか？「ボナネ（およそ三歳）が、……セロリの皮をむいたり、アザミを裂いたり、ガリウムを丸めたりして手際よく食物をあつかえるようになるまでには、さらに六週間かかった」。ゴリラの子供は草を食べる技術を学ぶらしい。「パンドーラは……植物をひきぬいたり、皮をむいたり、丸めたりするのがひじょうにうまかった」

つまり、ゴリラは食物を食べる前に、引き抜き、下ごしらえをしなくてはならない。ゴリラの主食を知るためには、ここが突破口なのだ。

日本で唯一の野生ゴリラの研究者、山極寿一《やまぎわじゅいち》さんはこのフォッシーの本の解説でつぎのように言う。「低地のゴリラはマウンテンゴリラのような葉食や草食ではなく、果実を好んで食べることが判明した。……フォッシー博士の死後、マウンテンゴリラも驚くべき採食技術をもっていることがわかった。高地に生育するイラクサやヒレアザミは鋭い棘があって、とてもそのままでは食べられない。ゴリラたちは両手と歯を交互に用いてこの棘を慎重に折り畳み、刺さらないようにして食べる」

この解説の後半は、フォッシーがすでに報告している食物の下ごしらえについての詳細である。果実食は低地のゴリラにとっては重要なようだが、ここではフォッシーほどの観察が行われていない低地のゴリラは無視することにして（無視しなくても触れることはできないし）、マウンテンゴリラの主食と指と歯について「口と手連合仮説」が、何を説明するかを見てみよう。

注 ガリウム（*Galium*）とは、アカネ科の植物で日本でいえばヤエムグラの仲間である。

2　ゴリラのグローブのような手

じつは、ゴリラの手には大きな秘密が隠されている。そのグローブのようなごつい外観の手のひらと太い指は圧巻だが、それ以上に興味が惹《ひ》かれるのは親指の太さである。長さにたいする幅の割合という意味で太さを定義すると、ゴリラの親指はチンパンジーよりもはるかに太い。もっとも、人間の親指はもっと太く、アイアイの親指はそれより太い。

マウンテンゴリラの親指がチンパンジーよりも人間に近いほど太いのは、主食を食べるためにしっかり握らなくてはならないためである。つまり、草やツル（ガリウムやイラクサはその主食の位置にあるのだろう）を抜き、取り上げ、食べる前に皮を剝いたり、いくつかの加工をするので、ゴリラは強力な握りを開発している。この点でフォッシーの「パンドーラは……植物をひきぬいたり、皮をむいたり、丸めたりするのがひじょうにうまかった」という観察は鋭い。この技術には個体差があり、その上手さが目につくほど指をうまくあやつれるということである。草であれ、ツルであれ、抜くことにも、その加工にも技術が必要だし、力が必要である。

ゴリラと同じほど親指の太い（長さにたいする幅の割合が大きいという意味で、詳細は156ページの「アウストラロピテクス属の手と親指太さ指数」を参照）オマキザルでは、ウェスターガードとクーン[62]が「引き抜きタイプの採食行動（extracting foraging）」とよぶ行動を紹介している。つまり、親指での力をこめた動作が主食をとるために重要になっている（注）。

また、ゴリラが地上を移動するさいには、チンパンジーと同じようにナックル・ウォーキングをする。しかし、ナックル・ウォーキングといっても、チンパンジーでは指先が立っている（ツルや枝先をひっかける形）が、ゴリラの握りは手の甲を地面につけた、よりつぶれた握りこぶしの形になる。これはひっかけタイプの指をもつチンパンジーとちがって、ゴリラが草やツルを引き抜いたり、処理するためにしっかりと強力に握りしめるためである。

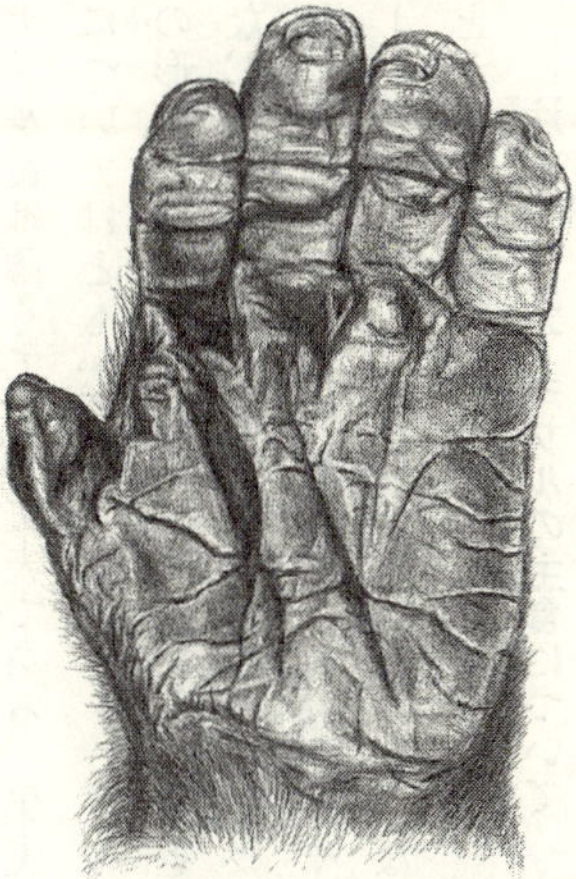

ゴリラの手　この手のグローブのようにぶ厚い印象は，イラクサ類のごわごわしたツルを引きちぎることに対応しているのだろう

こうして準備された草の髄やツルは、消化できない繊維は多くても堅いものではないので、ゴリラの歯はそれほど堅くなくてよい。つまり歯のエナメル質は薄くてかまわない。歯の表層をおおうエナメル質は水晶に匹敵するほど硬い物質なので、ツル程度の食物を噛み潰すためにはエ

ナメル質は薄くても大丈夫である。果実をチンパンジーほどに食べるというローランドゴリラについてはともかく、マウンテンゴリラについては、「口と手連合仮説」はその主食と歯と指の形の関係をうまく説明することができたのではないだろうか？　こうして私たちはあの大きな、親しみ深い類人猿の生活のひとこまについて、ずっと突っこんだ理解ができるようになった。ゴリラの主食は棘の多い太いツルや大きな草なので、それを処理するのにどうしてもグローブのようなごつい手がなければならないし、また親指が太くなければならないことを知ることができたのではないだろうか？

注・フサオマキザルの主食について　オマキザル属には4種があるが、フサオマキザルはもっとも分布域が広く、中南米のサルたちのなかでもっとも食性の多様なものである。ブラジルのパンタナルの断続的な森林では、オマキザルはアクリヤシ（*Attalea* あるいは *Scheelea phlerata*）を主食にしていて、このヤシのない森にはオマキザルはいないという。アクリヤシは5センチメートルほどの小さなヤシの実が数百も房になってつき、オマキザルはこのなかから熟したものを選んで取り、堅い果皮を剝いて中の果肉を食べる。この果実を房から引き剝《は》がそうとすると、人間でもそうとうに苦労するほど頑丈なものである。

また、オマキザルはどの果実でも木に打ちつけるという独特の行動をするが、現地を案内してくれた湯川宜孝さんによると、パンタナルにはジャトバ（*Hymenaea stigonocarpa*）という木があって、その堅いこげ茶色の豆の殻を割るときには木に打ちつけるということだった。

オマキザルたちは夕暮れが近くなると林縁に向かった。ニホンザルのような声を出すこのサルの追跡は、私には馴れ親しんだものでじつに懐かしかった。林縁で枯れた枝を折り取って中の昆虫を取り出しているのは、ニホンザルほど指先は器用ではないが、より力強い指をもつサルの姿だった。

しかし、なぜ両手で打ちつけるという特別な食物の準備のしかたをするのだろうか？　それは、叩き割る労力に見あった食物を得ることができるからで、その食物のカロリーは高い。アクリヤシの実やジャトバの豆や枝のなかの昆虫の幼虫はカロリーの高い、消化のよい食物だから、オマキザルはヒトやアイアイに匹敵するほど、サルの仲間としては例外的に盲腸が小さいのである。

では、親指が太いサルはすべて高カロリー食なのか？　というと、そうではない。親指の太いサルたちでも、ゴリラのような大きな体のもち主なら、あたりのツルを引っ張って集め、その皮を大量に食べるという選択がある。主食は指と歯が指し示す。ただ、その主食の方向を一般化することはできない、というところが生命の探求の面白さである。

3　ゴリラの横顔は馬面である

私の知りあいは野生動物を撮影するために世界各地を歩いているが、彼らはゴリラもオランウータンも撮影していた。私はそのラッシュテープを見たことがあって、それにはゴリラの「あっ！」と思うような動作が映っていた。

最初に見たビデオは放映用にすでに編集されたもので、ゴリラがツルイラクサ（現地名ムシェ）のツルの皮を器用に剝いてまとめて食べるところが写されていた。ゴリラはツルの先端をもって歯で皮を剝き、手でツルの芯を引っ張って、皮を口の端に溜めていって、最後に丸まった皮の塊を口にほうりこんでむしゃむしゃとやるのである。ニホンザルなら皮ではなく、芯の部分を食べるのにゴリラはまったくちがっている、と見ていて気がついた。いや、そうじゃない。ゴリラにくらべるから、草のツルも日本のクズかなにかのように芯がやわらかそうに見えるが、ゴリラの大きさを考えると、そのツルの芯は人間が「えいやっ」と折れるようなものではなく、とても堅い丈夫なものなのだろう。だから、比較的やわらかい皮を食べるのだろう、と。

ちょうどカメラマンの井上清司さんが来たので、編集していないビデオの説明をしてもらった。そこでは坐りこんだゴリラがあたりからツルをかき寄せて片っ端から食べている様子が映っていた。「ゴリラはあまり動きたくない動物なんですよ」と井上さん。「だから、樹上でも地上でも同じように、ああやってツルを引っ張り寄せて食べるのです」と。これでふたつのビデオはつながった。編集されたビデオでは、ゴリラが藪のなかに坐りこんであたりのツルを引っ張り寄せている動作を省いていたのだった。さらに細かく見ると、ゴリラはツルや茎をしごくときに、犬歯と小臼歯のあいだの隙間《すきま》を上手に利用してツルの皮剝きをやっている。

横顔を見ると、ゴリラのオスの顔はまったくウマそっくりである。その食物がそうとうに堅いものであることは、ゴリラの頭のてっぺんの筋肉がむくむくと動くことでよくわかる。ゴリラのオスの頭のてっぺんには、矢状稜《しじょうりょう》という痩《や》せた尾根のようになっている骨があるが、このすべてに強力な筋肉がついてあごの働きを支えているのである。フォッシーが、ゴリラの糞は「ウマの糞に似ている」と書いたのもじつによくわかる。

こうなると、ゴリラの主食についてははっきりする。少なくともマウンテンゴリラでは、ツルイラクサのツルの皮は毎日食べるほど重要な食物である。その食べかたは他の霊長類にない独特のもので、ツルでできた藪のなかにどっかと坐りこんで、あたりに無尽蔵にあるツルを引っ張り寄せて、歯で皮を剝き、犬歯と小臼歯のあいだの隙間にツルを置いて、片手で引っ張ってツルをしごき、口の端に丸まって溜まったツルの皮を飽きることなく食べつづけるのである。

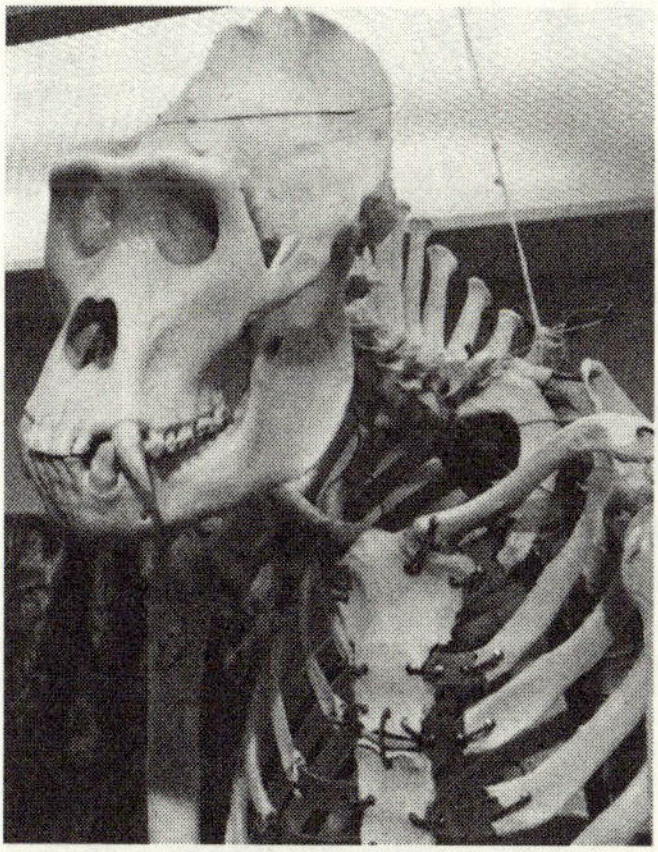

ゴリラの歯　巨大な犬歯とその隙間にも主食に対応した形の秘密が隠されている（日本モンキーセンター所蔵）

この主食に対応するのが、引っ張り寄せの指であり、棘《とげ》の多い皮や葉に対抗するグローブのような手であり、皮を剝くための口の犬歯と指先の器用な連合である。このようなツル植物の皮食は、ゴリラの大型の体を説明するだけでなく、その歯と指の形、ことにチンパンジーにくらべてずっと太い親指を説明するし、犬歯と小臼歯のあいだの隙間さえ意味が

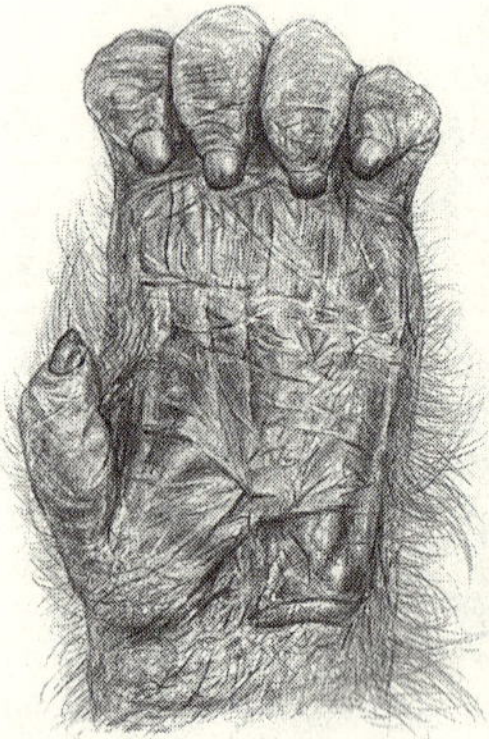

オランウータンの手

オランウータン　小さな親指は添えただけで，他の指先で枝をひっかけている右手に注目．しかし，親指でしっかり握る場合も，ダブル・ロックとよばれる指を二重に折って細いツルをつかむ場合もある．ツルや枝が複雑にからみあった三次元の立体空間生活者に独特の手の構造と機能である（©水野礼子）

あることがわかる。

つまり、ゴリラについても「口と手連合仮説」は、ひじょうにうまくあてはまる。

4　ではオランウータンは？

では、オランウータンはどうか？　ボルネオのクタイ国立公園の記録映像を見ると、オランウータンの主要な食物は樹皮であるらしい。オランウータンは熱帯雨林の樹冠部分や下層の藪のなかの立体的に交差した枝やツルのなかを、たとえて言えばジャングルジムのなかを生活場所として手足を同時に使って、多くの場合は立った姿勢で動き回る。樹皮が食物の大半を占めるのなら、その歯がゴリラよりも厚いエナメル質をもっていることの説明がつく。草のツルの皮よりも樹皮のほうが堅い。それならオランウータンの歯のエナメル質のほうが、ゴリラの歯よりも厚いのは当然だろう。オランウータンの親指は他の指にくらべるとほっそりとしているが、ツルを握るときにはしっかりと親指で固定するように握る。これはチンパンジーのようなツルに長い指をひっかけるタイプとは少しちがっていて、ツルと枝で構成されたジャングルジムのなかでの樹皮主食のニッチに対応しているといえる。この視点から見ると、オランウータンもまた「ロと手連合仮説」によって説明できる。

しかし、もっと詳しいことは、ボルネオの密林でオランウータンに出会ってからの楽しみということにしよう。

第7章　初期人類の主食は何か?

サルたちの主食は、手や歯の形だけでなく、その移動方法をも決定していることが少しずつあきらかになってきた。そして、それらのありようはそのサルがすんでいる特別な自然環境と切り離すことができないこともあきらかになった。

これだけヒトの影響が大きくなった世界では、サルたちがもともとすんでいた自然環境は攪《かく》乱《らん》されているので、形と主食の意味を探ろうとすれば、かつての自然環境を復元する推理もそうとうに必要だった。このトレーニングは、環境条件が必ずしもはっきりしているわけではない初期人類の世界を理解し、その主食を特定するためには有意義だった。それでは初期人類の特徴を調べ、その主食を探り、直立二足歩行の起原をあきらかにする一歩を踏み出すことにしよう。

その前に人類の手と歯の特徴をおさらいしておくことにしよう。なにしろ自分自身である。もういちど、「じっと手を見」てほしい。鏡に映る顔に見ほれるのではなく、歯を覗《のぞ》きこんでほしい。できれば、手近の愛犬や愛猫、愛牛などなどの歯も覗きこんでほしい。そうすれば、どうして自分の手や歯がこれほど他の動物とちがっているのかについて、正確な知識を得ることができるからである。

人間の指では親指がもっとも太い。これは力をこめる握りの特徴である。力を抜くと手のひらで楕円《だえん》形の空間ができる。これは直径５センチメートル程度の物を握りしめるための手である。親指と人差し指の先端は簡単に向きあうので、細かなつまみあげる動作ができる。

また、人間の歯について言えば、サル類としては類例がない平坦なすりあわせ面をもっていることがなによりも特徴的である。そこには牙状の犬歯がない。臼歯の表面はつるつるで、葉

霊長類と化石人類のエナメル質の厚さ

(mm)

オナガザル科	
オナガザル属	0.39-0.58[*]
マンガベイ属	0.80-0.98[*]
パタスモンキー属	0.6[*]
ヒヒ属	1.19[*]
マンドリル属	1.05[*]
ゲラダヒヒ属	1.06[*]
マカク属	0.73-0.90[*]
ニホンザル(マカク属)	0.78[*]
リーフモンキー属	0.37-0.55[*]
テングザル属	0.58[*]
コロブスモンキー属	0.34-0.57[*]
テナガザル科	
テナガザル属	0.49-0.70[*]
オランウータン科	
チンパンジー	0.95[*]
ゴリラ	1.14[*]
オランウータン	1.49[*]
ヒト科	
ヒト	2.17[***]
アウストラロピテクス・アフリカヌス	2.82[***]
パラントロプス・ボイセイ	3.19[***]

ゴリラ，ヒト，アウストラロピテクスのエナメル質の厚さについては，いろいろな数値がある．ここでは互いの厚さの傾向をはっきりさせるような数値を選んで，ゴリラよりオランウータンが，それらの類人猿よりもヒトが，ヒトよりもアウストラロピテクスが，それよりもさらにパラントロプスの臼歯のエナメル質が厚いことを示している（＊:引用文献93．＊＊:Macho, C. A. and Berner, M. E., 1994, Enamel thickness and the helicoidal occlusal plane, *Am. J. Phys. Anthrop.*, 98:327-337．＊＊＊:Grine, F. E. and Martin, L. B., 1988, Enamel thickness and development in *Australopithecus* and *Paranthropus,* In Grine, F. E., *ed.*, *Evolutionary history of the "Robust" Australopithecines*, Aldine de Gruyter, New York, pp.3-42.）

食のサルたちのようなぎざぎざの噛《か》みあわせではない。そして、歯のエナメル質がことさらに厚い。

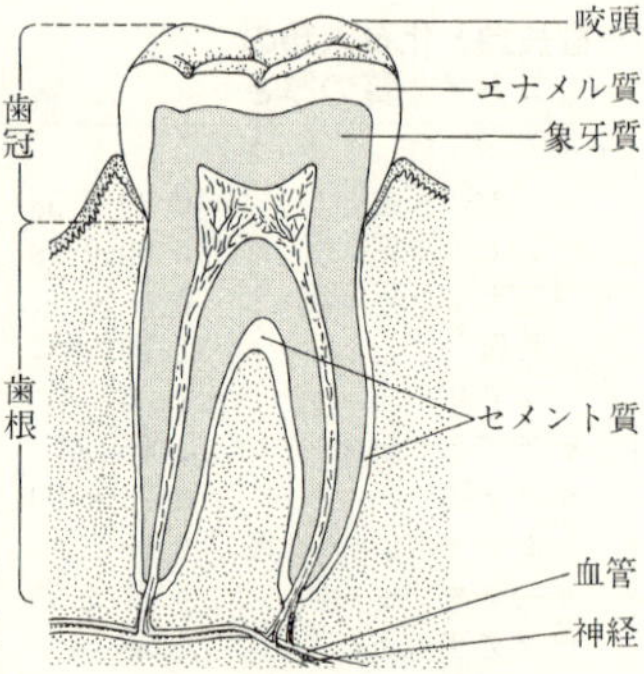

ヒトの歯の構造　人の臼歯の断面を見ると，土台を作っている象牙質の周りを，歯茎のなかはセメント質が，外に出ている部分はエナメル質が覆っている．このエナメル質が厚いことは，人類の歯のもっとも大きな特徴である

歯のエナメル質について

歯は中心に歯髄《しずい》とよばれる空洞があり、そこに神経や血管が通っている。そして、その周囲を象牙質という骨に似た組織がとりまいて歯の形をつくっている。その外側を覆っているのは、歯冠《しかん》部（見えている部分）がエナメル質、歯根部がセメント質である。象牙質、エナメル質、セメント質とも構成している物質は、骨と同じ無機質のヒドロキシアパタイト $Ca_{10}(PO_4)_6(OH)_2$ で、象牙質は骨よりやや硬く、硬度4〜5である。エナメル質はこの無機質の割合が96パーセントと高く、ヒドロキシアパタイトの結晶が大きくなったもので、硬度は6〜7と水晶に匹敵するほど硬い。

エナメル質はただ硬いだけでなく、欠けにくく丈夫だが、それはその繊維状の構造のためである。エナメル質ではエナメル小柱という直径6〜7マイクロメートル（一説では3〜5マイクロメートル、1マイクロメートルは1000分の1ミリメートル）の硬い繊維が束になってS字状に曲がりながら深部から表層までを貫いている。つまりエナメル質は無機質のヒドロキシアパタイト結晶でありながら、繊維状の構造をもっているために、硬度とともに高い靭性《じんせい》をもっているのである。靭性は欠けにくい、粘り強い堅さの指標で、もっとも靭性の高い物質はヒスイでダイヤモンドではない。ダイヤモンドはもっとも硬い物質（硬度10）でヒスイ（硬度6・5）を簡単に傷つけることができるが、ヒスイの靭性は8でダイヤモンドの7・5よりも欠けにくい。試してみたい人がいればやってみるといいが、ヒスイとダイヤモンドをぶつけると、ダイヤモンドが割れるはずである。これはヒスイが微晶質繊維状構造をもっているためで、エナメル質の繊維状構造と似ている。

さらに、エナメル質の表面には酸に抵抗力のある歯小皮《ししょうひ》が保護膜をつくっていて、食物に含まれる酸から歯を守っている。

このように、エナメル質は歯の表面を覆う結晶質の膜で、その厚さは主食の性質と深く結びついている。

1　類人猿の歴史

サルの仲間、霊長類は原猿類と真猿類に大別される。真猿類はメガネザル科（異論はあるが）、中南米の広鼻猿類オマキザル科とマーモセット科、アジアとアフリカの狭鼻猿類オナガザル科、テナガザル科、オランウータン科およびヒト科の7科に分けるのが、通例である。オランウータン科のサルたちは、チンパンジー、ボノボ、ゴリラとオランウータンの4種で、類人猿といえばオランウータン科とテナガザル科の総称である。

しかし、オランウータン科とヒト科をまとめてヒト科とすることもあり、化石類人猿を含めた系統を分類して、ヒト上科をプロコンスル科、テナガザル科とヒト科に3分し、ヒト科をドリョピテクス亜科、オランウータン亜科、ヒト亜科に分け、ヒト亜科はヒト類（アウストラロピテクス属、ケニアントロプス属、パラントロプス属とヒト属）とゴリラ類（ゴリラ属とチンパンジー属）からなるとすることもある。(63)

こういうわけで少々混乱するので、本書ではこれ以降、化石類人猿（プロコンスル科など）とテナガザル科とオランウータン科を「類人猿」とよび、アウストラロピテクス属からヒト属までのヒト類の4属を「人類」とよび、ヒト属のうち現生のホモ・サピエンスを「ヒト」とよぶことにする。上記「人類」と化石類人猿および現生の類人猿をまとめて扱う場合は、「ヒト上科」という用語を使いたい（巻末資料参照）。最近、発掘されたアルディピテクス属、オロリン属、サヘラントロプス属などは、「ヒト類」に含められるのかどうか、その所属はあきらかではない。

2400万年前からはじまる中新世は類人猿たちの時代である。イギリスの科学ジャーナリスト、ロジャー・ルーウィンは言う。「現生種では類人猿が1に対して他のサルが10の比率であるのに対し、2000万年前（中新世のはじめ）にはこの比率がちょうど逆であった。つま

り、中新世は、ヒト上科の時代であったのである」(64)
類人猿が他のサルたちとちがう外見の特徴は、樽《たる》型の胸郭《きょうかく》と尾がないこと、およびやや長い腕である。現生の類人猿たちは人類を除いて、すべて熱帯雨林にすんでおり、程度の差はあっても果実をよく食べている。彼らの歴史はこの林の歴史と結びついていて、熱帯雨林の存亡にもっとも大きな影響を受けている。中新世の中期以降には、インド亜大陸のアジア大陸との衝突によるヒマラヤ造山運動など地球規模の造山運動や南極大陸の氷床ができたために、乾燥と寒冷化の最初のきざしがあきらかになる。あたたかな森林でわが世の春を謳《うた》った類人猿たちが絶頂に達しながら、つぎの時代（鮮新世）のはじまりにはほとんど姿を消してしまうのもそのためである。

中新世の類人猿は、ふたつのグループに分けられる。その第一のグループは現生の類人猿との関係はあきらかでない。第二のグループがドリョピテクス類である。ドリョピテクス類には、大型類人猿と人類の特徴とされる下顎臼歯表面のY字型の溝がある。このドリョピテクス類には、エナメル質が厚いギガントピテクス、シヴァピテクスのグループがあり、このグループでは犬歯が小さくなる傾向があること、切歯が比較的垂直になっていること、前方の小臼歯が二咬頭《こうとう》（歯の先端の突起）であることなど、アウストラロピテクス属とヒト属とに共通の形がみられる。

2400万年前から1700万年前の中新世前期には、当時熱帯雨林だったウガンダからケニアにかけての東アフリカで、類人猿たちの祖先が数多く発見されている(プロコンスル、ラングワピテクス、ニャンザピテクス、リムノピテクス、トゥルカナピテクスなど)。プロコンスルは現生の類人猿たちの祖先で、ケニアの1800万年前の地層から発見された化石にはすでに尾がなくなっていた。(65)

中新世の1700万年前から1200万年前にかけて、類人猿たちの大規模な放散があって、ドリョピテクス類、アフロピテクス属、ケニアピテクス属などの新しい類人猿が出現した。ドリョピテクス類はヨーロッパ、アジアにも広がり、鮮新世まで生存した。

2　乾燥気候と人類の出現

鮮新世は、地球規模の造山運動の時代である中新世と、氷河期がおそう更新世との中間期であり、510万年前にはじまり160万年前まで350万年間続いた。鮮新世から更新世にかけて、ときどきの劇的な寒冷期をはさんで、全体としてはしだいに平均気温が低くなった。

この時代のアジア、ヨーロッパ、アメリカの化石記録からみると、気候はしだいに乾燥し、パキスタンと北アメリカに草原が広がっている。中新世のあいだに森林棲と草原棲のふたつのタイプに分かれたウマは、草原が広がるとともにそこにすむ種が鮮新世に絶頂期をむかえた。キヌゲネズミ科、ネズミ科もまた鮮新世に現れて、更新世に爆発的に放散し、多数の種が現れた。このグループもまた、乾燥気候と草原環境のもとで新しく現れた哺乳類グループである。

鮮新世初頭の510万年前にはサハラ砂漠が形成され、アフリカ全体で環境の変化が起こり、哺乳類相が変化した。これらの地球規模の環境変化のために、地中海沿岸地域の類人猿たちは絶滅したのである。

しかし、多くの類人猿の運命とは対照的に、人類の祖先は鮮新世の初期に現れている。人類はこの森林を草原に変えた地球規模での植生の大きな変化に対応して、そこで新しい主食を開発し、新しいニッチを切り開いた類人猿だった。

分子時計によるヒトとチンパンジーの分岐年代

1960年代に人類学者に最大の衝撃をあたえたのは、遺伝学者サリッチ（V. M. Sarich）とウィルソン（A. C. Wilson）によって発表された分子時計の適用によるチンパンジー、ゴリラとヒトとの分岐年代の推定である。それまで3000万年前から800万年前と考えられていた分岐年代が、500万年前～400万年前と計算された[66]のだから、影響は深刻だった。むろん、分子時計といっても絶対年代が推定されるわけではないので、年代決定にはさまざまな異論がある。

DNA塩基置換にもとづく研究では霊長類の分岐年代の推定には2倍少々の補正をする必要があるという指摘[67]や、ヒトに至る系統では遺伝子に進化速度の遅延現象が見られるので、ヒトとチンパンジーの分岐は1000万年程度になるとする指摘[68]もある。また、その分岐年代を1

500万年前[69]とする説もあるほどである。

その後、この分子時計の方法についてさまざまな議論が行われ、技術的な改良が進んだ結果、「系統ごとの進化速度の不均一性を取り入れた……基準をとると、ゴリラ、チンパンジーがヒトから分かれたのが690±90万年前[70]」とされる。

遺伝学が推定したチンパンジーと現生のヒトとの分岐年代に接して、このチンパンジーと人類との境を示す形質をもつアルディピテクス属などが発見されている。

人類の系譜

2002年までに発表されている人類とその近縁のヒト亜科の化石は、次ページの表のとおりである。

アルディピテクス属について

1992年、アメリカ人人類学者ティム・ホワイトや諏訪元たちは、エチオピアのアラミスで440万年前と推定されるアルディピテクス・ラミダスを発見した[71]。これは、それまで最古の人類とされていたアウストラロピテクス・アファレンシスよりも古く、「アラミスの化石は頭骨、歯、そして体がチンパンジーの状態によく似ていることを示している」とホワイトらは報告している。「アルディ」は現地アファール語で「地面」を、「ラミド」は「根」を意味する。

人類とその近縁種の分布と年代

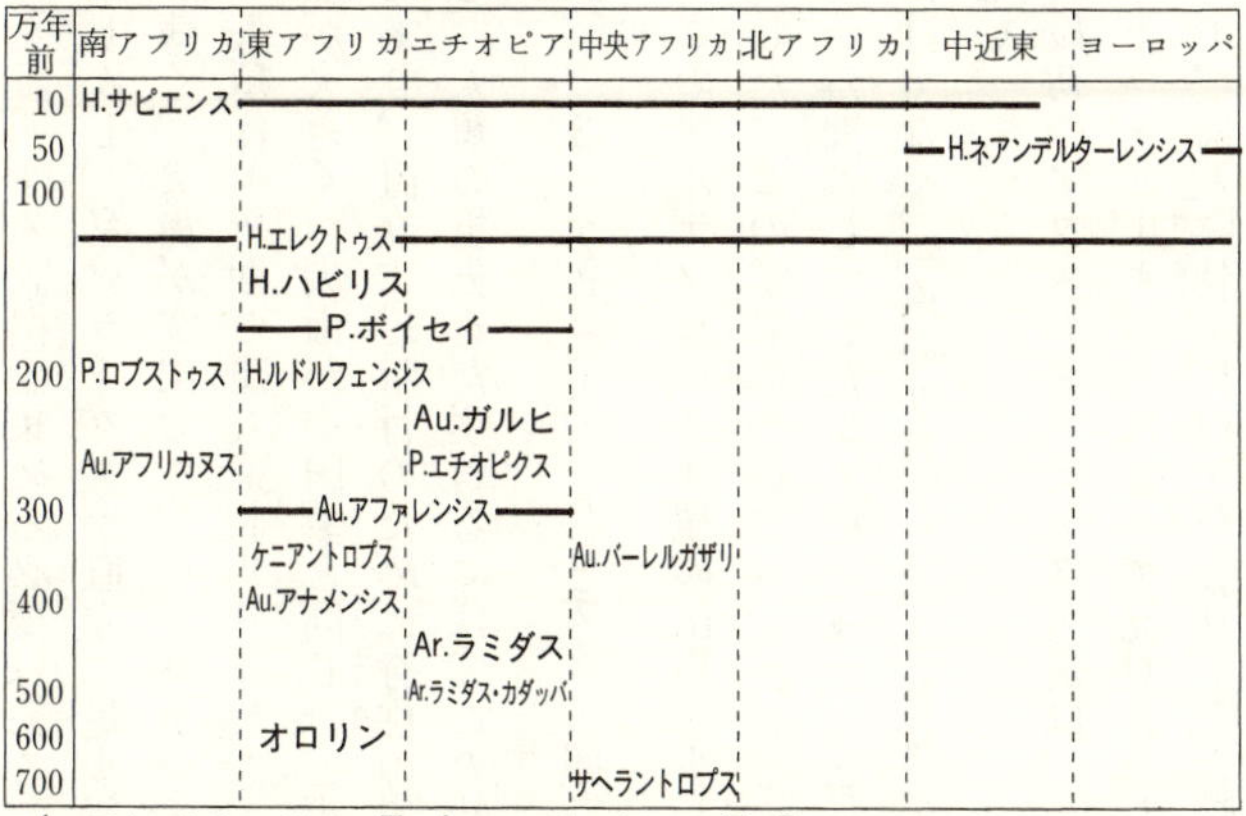

Au.:アウストラロピテクス属，Ar.:アルディピテクス属，P.:パラントロプス属，H.:ヒト属．━━：分布の広がり
このヒト亜科の一覧では，地理的分布を重視した．それぞれの化石人類の推定生存年代は，学名を一覧した巻末資料５を見られたい

「ピテクス」はギリシア語の「猿」である。

諏訪さんは東京大学理学部2号館の古い建物の3階の研究室で、ラミダスの歯のレプリカをこころよく見せてくれた。ラミダスの犬歯はかなり大きく、歯列の上にでていて、しかもそれがひじょうに強く磨《ま》耗《もう》されていた。もっとも古い人類とされたアウストラロピテクス・アファレンシスのホロタイプ（正基準標本）のレトリ人類4と比較すると、ラミダスの犬歯の大きさはきわだっていて、初期人類の特徴からは離れている。

ラミダスの化石は1992年から1993年にかけて発掘されたが、その部位はさまざまな歯、右下顎、左の側頭骨、後頭骨、左右上腕骨、前腕骨（尺骨《しゃっこつ》と橈骨《とうこつ》）に限られているので、ホワイトらは「直立二足歩行を証明する証拠を集める必要はある」と言うのである。

しかし、私はラミダスが直立二足歩行していたとは信じない。ラミダスの臼歯のエナメル質が薄く、犬歯が突出して、チンパンジーなどの果実食の類人猿の特徴を示しているからである。人類は中新世の類人猿ドリョピテクス類にくらべると、体のサイズが大きく（体重が重く）、脳が大きく、犬歯が小臼歯と同じほど小さく、歯のエナメル質が厚く、歯列が平坦で放物線状であり、直立二足歩行のために脊柱《せきちゅう》の形がS字状に湾曲し、骨盤の幅が広い独特の形をしている。人類の祖先をたずねるには、この特徴を探さなくてはならない。

3　アウストラロピテクス属

このアルディピテクス属の出現に少し遅れて、400万年前にアウストラロピテクス属が出現した。この学名については、長谷部言人《はせべことんど》（東京大学理学部自然人類学教室の創始者）がその当初から批判していたように、ラテン語（アウストラロ）、ギリシア語（ピテクス）の混交であるだけでなく、「南のサル」という意味なので、人類の系譜にあたえる名前としてはあたっていない。

最初のアウストラロピテクス属は、ケニア北部のトゥルカナ湖とその南にあるカナポイからミーヴ・リーキーらによって発見された約400万年前のアウストラロピテクス・アナメンシスで、歯と脛骨《けいこつ》（足のすねの骨）と上腕骨の一部である。[72] アルディピテクス属の歯のエナメル質が薄いのに対して、アナメンシスのエナメル質は厚く、脛骨は直立二足歩行を示し、人類の特徴を備えている。この記載のなかで注目されるのは、カナポイから出土した化石の大きさで、これから推定した体重は、58キログラムに達するという。

年代的にこれに続き、初期人類のなかでもっともよく知られているのは、アウストラロピテクス・アファレンシスで、１９７４年にエチオピアのハダールでアメリカの人類学者ドナルド・ジョハンソン（D. C. Johanson）らによって発見された。[73] この種は４００万年前から３００万年前ころまで生存していたと推定され、ほとんど全身骨格がわかった有名な「ルーシー」のほかに、同じハダールの３３３遺跡で「最初の家族」とよばれる13個体分のオス、メス、オトナ、コドモを含んだ２００点の化石が見つかっている。これらの経過は、ジョハンソン自身が一般向けに書いた本のなかでもかなり詳しく説明されている[74、75]が、この稀有《けう》の幸運の連続によって、アファレンシスは化石人類のなかでももっともその形がよく知られた種となった。この初期人類の脳容量は、チンパンジー（４５０ｃｃ）とほとんど同じで、４３０〜５５０ｃｃと推定されている。

ジョハンソンが他の類人猿と人類との区別基準にしたのは、１９５５年にル・グロ・クラークがまとめた「類人猿とヒトの歯のあいだに見られる明確でばらつきのない相違点、11項目」で、そのうちの重要な7項目は以下のとおりである。[76]

第一、類人猿の歯列は箱型だが、ヒトの歯列は放物線状である。

第二、類人猿の犬歯は円錐《えんすい》状で先端が鋭く尖っているが、ヒトの犬歯は幅広で平らである。

第三、類人猿の犬歯は、オス・メスの性差が著しいが、ヒトには性差はない。

第四、類人猿の上顎の犬歯と下顎の犬歯とは、側面どうしで接触するが、ヒトの犬歯は先端部で咬合《こうごう》する。

第五、類人猿の犬歯と切歯のあいだには、大型の犬歯を収めるための隙間（歯隙《しげき》）があるが、ヒトの歯列に隙間はない。

第六、類人猿の下顎小臼歯は一咬頭《こうとう》（歯の先端の突起）で切り裂きタイプの形をしているが、ヒトのそれはすり潰《つぶ》しタイプの二咬頭の形をしている。

第七、類人猿では大臼歯の歯の先端の突起（咬頭）が高く、ふつうは磨耗しないが、ヒトでは平たく磨耗する。もっとも、この特徴には例外もある。

ジョハンソンはこの区別基準に則《のっと》ってアファレンシスを評価し、「あまりに原始的に見えたからショックを受けた」と述べている。アファレンシスの歯列は、類人猿のようにかなりまっすぐであり、歯隙もわずかながらあり、犬歯も円錐形に近いし、側面と先端に磨耗がある。しかも、犬歯には性差があった。小臼歯の形も、ヒトのようなはっきりした二咬頭タイプではない。また、アファレンシスでは、大臼歯の磨耗はのちのヒト属やアウストラロピテクス属、パラントロプス属ほどはっきりしないが、いくぶん磨耗傾向を示す。

こうして、アファレンシスの歯には「ならしてみると、相対的に小さな大臼歯と大きな切歯がそなわっている。これはヒト属（？）の特徴そのものだ」とされ、体全体は「やや小さいながらも基本的にはヒトの軀《く》幹《かん》をもち、そのうえに人類的というよりは類人猿的な形の頭がのっている[74]」と評価された。しかし、この比較では、のちの学術論文で重要視される歯冠（歯ぐきの上に出ている部分）のエナメル質の厚さについては、何も語っていない。もちろん、手落ちである。ジョハンソンは化石の発掘者であり、当然山師である。事実の詳細について、手落ちがあっても当たり前である。

　このアファレンシスはスムーズな直立二足歩行をしたはずだが（第8章の冒頭引用文を参照されたい）、コパンは別の見解をとっている。「アウストラロピテクス・アファレンシスは、樹木がよく繁っていたころのサバンナに住む古い種であり、ごく短い距離しか地上を移動しなかったのだろう（骨盤の異常なほどの広さは、エネルギー消費量が大きく、こっけいな二足歩行を意味している[77]）」

　これは、先入観をもった人類学者の典型的な文章で、「異常なほどの」とか「こっけいな」という形容詞は、自分にとっての「正常」な何かを前提にしている。幾度も繰り返して言うが、ある生命体がある形をしているときには、十分な生存のための理由があり、それが「異常」に見えるのは、こちらの想像力の外にそれがあるということにすぎない。生命の研究をするものが、「正常」や「普通」を自分のなかに前提として置いているのはひじょうに危険で、いつも擬人化の落とし穴に落ちる可能性がある。だから、「ごく短い距離」とどんどん空想を進めるのである。直立二足歩行に適した体は、「ごく短い距離」用ではない。それでは生存できない。むろん、「こっけいな」二足歩行でも生存はできない。

最後に、このよく知られたアファレンシスの手について調べておこう。ルーシーの全身骨格が例外的によく知られているといっても、手の骨は1本しかない。ジョハンソンは例によって大雑把に「アファレンシスの手は現代人とほとんど区別できない」(74)と記している。しかし、アファレンシスの親指は、ヒトとはそうとうにちがうものである。

アファレンシスはアフリカ大地溝帯に沿って、エチオピアとケニアの北部、西部とタンザニア北部、および大地溝帯から2500キロメートル西の、300万年前の中央アフリカのチャドでも見つかっている。(78)このチャドのアウストラロピテクスは、バーレルガザリという新種とされているが、諏訪さんによれば「『ネイチャー』に投稿したときには、新種としては受けつけられず、アファレンシスとして書き直して受け入れられたのだが、その後、フランスの学会誌で新種登録した経緯がある」とのこと。私はのちに述べる理由から、これはアファレンシスに含まれるのだと考えている。

4　アウストラロピテクス属の手と親指太さ指数

アウストラロピテクス属の親指について、1995年に『サイエンス』誌上で闘わされた面白い論争がある。アメリカ人人類学者ランドール・L・サスマンは、親指の中手骨（手のひら

霊長類と化石人類の親指太さ指数の比較

（カッコ内は化石人類の標本番号）

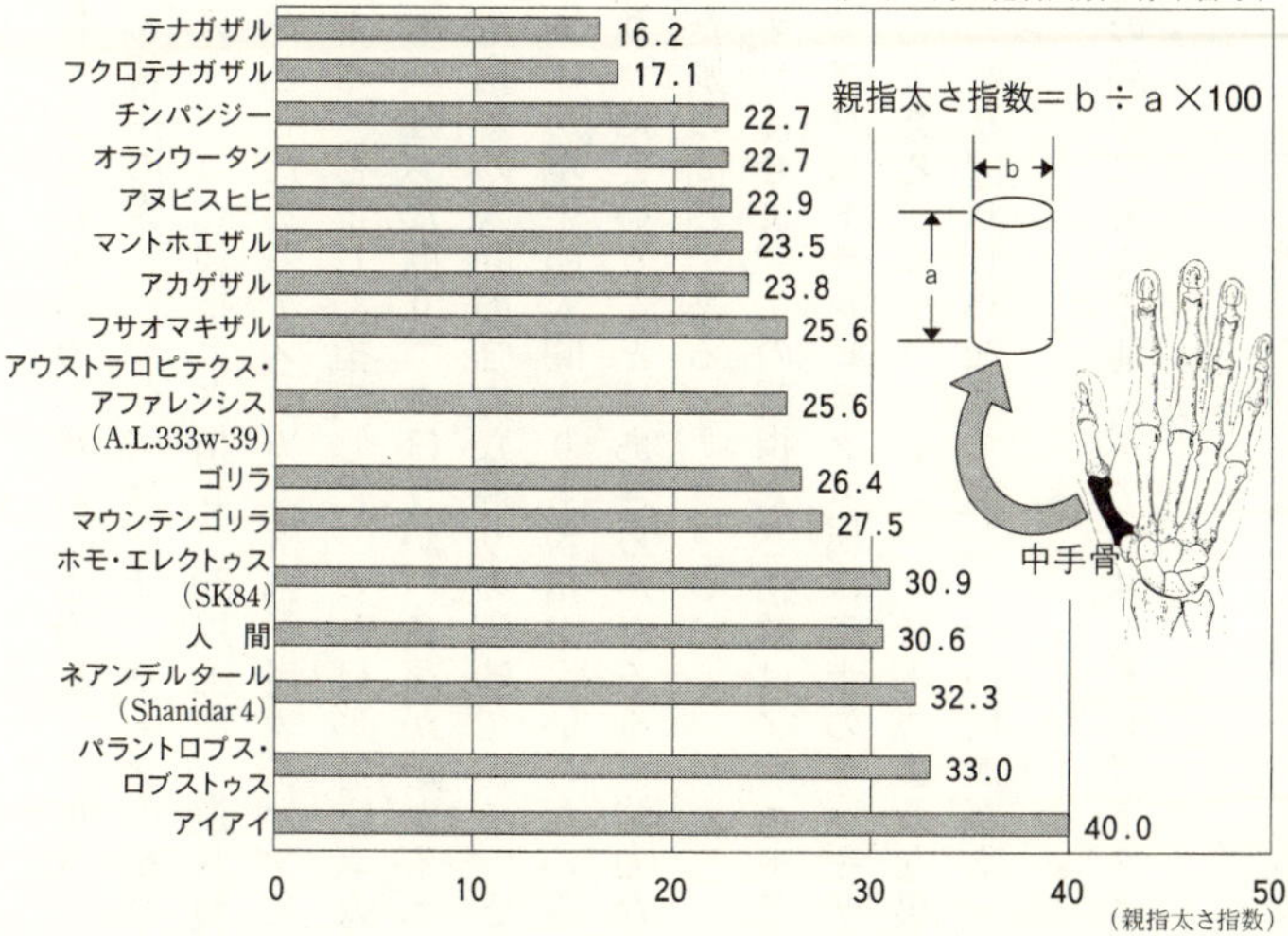

のなかに隠された骨）の骨頭（指に続く先端）の幅と中手骨の長さを計測して、長さにたいする幅の割合（「親指太さ指数」）を類人猿と人類で比較する方法を発表し、「親指太さ指数」はチンパンジーやアファレンシスで26以下、他の人類では30以上で、30以上を道具製作者としての指標にできると主張した。[79] それにたいして他の解剖学者がゴリラの「親指太さ指数」を提出して、それが人間の指数にそうとうに重なることを示し、「親指太さ指数」は道具製作よりも握りの強さを示すのだと指摘した。[80]

この親指の太さの問題は一部の研究者には注目されつづけていて、その後さまざまなサルの「親指太さ指数」が提出された。[62] これらの資料をまとめると、現生の霊長類と化石人類の「親指太さ指数」は小さい順から157ページの表のように並ぶ。アイアイの親指の太さについては、オーウェンの精密な手の骨の図[5]を利用して、私が計算した。サスマンは「親指太さ指数」30以上で、道具製作者に必要な「精確な握り」が実現されているのだとしたが、アメリカ人解剖学者オーマンらは「関節の大きさはそこにかかる負荷の大きさによる」と正しく指摘[80]した。これは形態学者なら当然の判断である。つまり「『精確な握り』よりも『強力な握り』のほうが、負荷がかかる」、「すなわち、比較的太い人間の親指は、完全な5本指での人間の強力な握りの反映である」と。ネアンデルタールやパラントロプスそしてアイアイが現生の人間よりも親指が太いのだから、親指の太さが第一に示しているのは「強力な握り」だということはあきらかだろう。強力な握りをもつものが道具製作者かどうか、それはまた別の問題である。

　いずれにせよ、この親指太さ指数はアウストラロピテクス属の手の構造を垣間見せてくれている。アウストラロピテクス属は南米のオマキザルとゴリラのような強い握りをしていたということである。つまり、チンパンジーのような果実食の握りではなく、主食を得るためにもっとしっかり握りしめなくてはならない何かがあったということである。では、その何かとは何か？

　その問いに答える前に、アウストラロピテクス属の体重や外観を見てみよう。

5　アウストラロピテクス属の体重

アファレンシスでは雌雄の差が大きく、身長1〜1・5メートル、体重は30〜70キログラムとされている。アファレンシスについで、300万年前から200万年前まで生存していたアフリカヌスは身長1・1〜1・4メートルで、体重は30〜60キログラムと推定されている。

この体重クラスは、哺乳類全体でもウシ科以外ではひじょうに例の少ないグループで、ツチブタ、オオアルマジロ、チーター、ヒョウ、ブチハイエナ、マレーグマ、タイリクオオカミがこれに入る。これらはそれぞれにとてもユニークな食性と生態をもっているが、その平均40キログラムという体重クラスに現生の人間も初期の人類も入る。ヒト化は、この特別な体重ぬきには考えられない。

哺乳動物が小型でも大型でもないという境界線上で生きてゆくためには、特別な生きかたをしなくてはならない。大型種には植物の葉、小型種には果実や昆虫という無尽蔵の食物供給源があるが、この中間的な体重クラスの哺乳類にはそういう指定席はない（ウシ科はどうも別のようで、反芻胃《はんすうい》による草の効率的な消化は、中間的な体重クラスでも草で生きてゆける方法を開発している）。他の哺乳類がすでにやってしまっているようなことをしたのでは、生きてゆけない。

彼らはある特別の食物をもとめて長距離を移動したり（タイリクオオカミ）、例外的に速いスピードで走ったり（チーター）、跳び上がったり（ヒョウ）、固い地面を掘ったり（ツチブタ）しなくてはならない。こうして彼らは新しいニッチをつくり出した。新しいニッチの開発は、新しい食物の開発とその食物を食べられるようにした体の形、霊長類では口と手の形ができあがることとセットになっている。

人類の新しいニッチについていえば、地上で立ち上がって移動するという例のない生きかたによってはじまっている。

「直立二足歩行によって、『自由になった手』が『大脳の発達』を促し、『ヒト化』への道筋を開いた」と真顔で語る学者は掃いて捨てるほどいる。しかし、無内容な「自由な手」が「大脳の発達を促す」とは、事実無根である。それは事実を直視すれば簡単にわかる。４００万年前に現れたアウストラロピテクス属は直立二足歩行し、４３０～５５０ｃｃの脳容量をもったが、ホモ・エレクトゥス（８５０～１２５０ｃｃ）が１９０万年前に現れるまでの２００万年以上の長いあいだ、脳容量はほとんど変わらなかった。

人類学者たちは空想的な話をたくさんするが、この「直立二足歩行が手を自由化し、大脳の発達を促し、ついには文化の創造と発展につながった」というような決まり文句はその典型である。直立二足歩行が確認された最初のアウストラロピテクス属から、脳容量のやや大きな最初のヒト属ホモ・ハビリス（５００～８００ｃｃ）が確認される２４０万年前[81]や最初の石器が発見される２６０万年前あるいは２５０万年前[82]までを考えても１５０万年以上の年月がある。その期間もその後もアウストラロピテクス属の脳容量は大きくならなかった。それはアウスト

人類各種の脳容量と生存年代

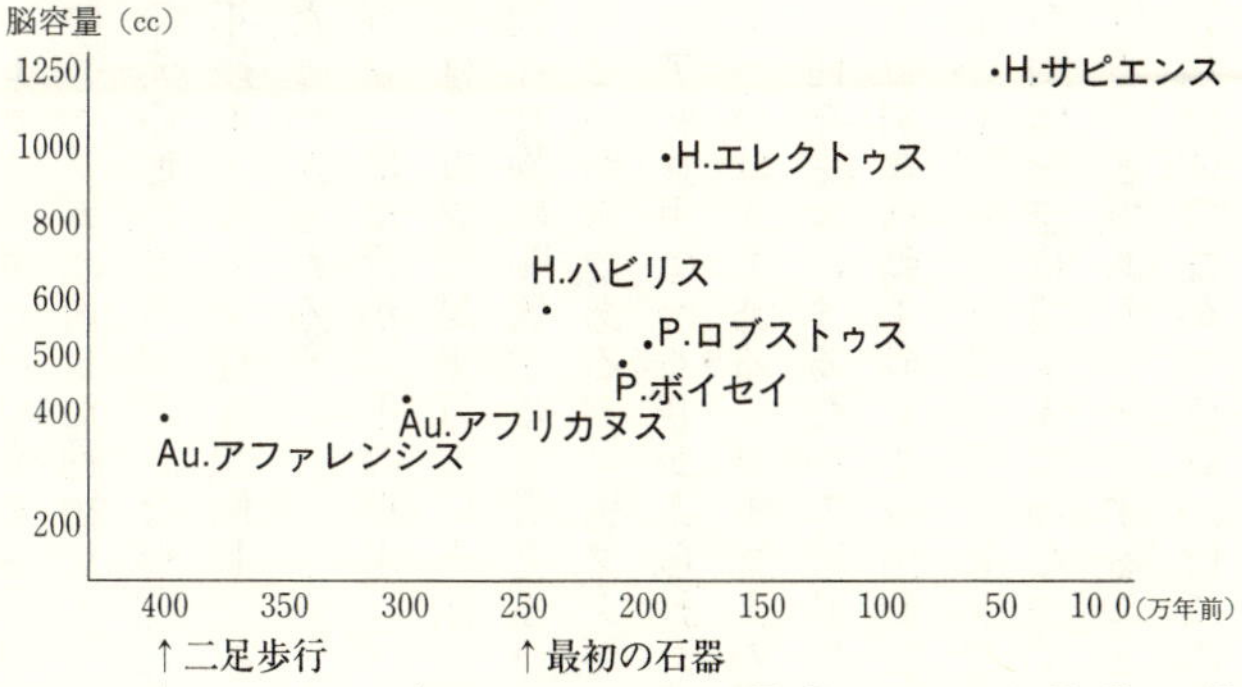

Au.:アウストラロピテクス属，P.:パラントロプス属，H.:ヒト属

人類種名	年代（万年前）	脳容量（cc）	体重（kg）
Au.アファレンシス	400-300	384	37.0
Au.アフリカヌス	300-200	420	35.5
P.ボイセイ	210- 80	488	41.3
P.ロブストゥス	200- 65	502	36.1
H.ハビリス	240-150	579	34.3
H.エレクトゥス	190- 25	844	57.8
H.サピエンス	49?- 0	1250	44.4

（出典：McHenry, H. M., 1994，Behavioral and ecological implications of early hominid body size, *J. Human Evol*., 27:77-87．ホモ・エレクトゥスのもっとも古い年代は最新のデータから）

注：脳容量は漸進的に増えていったように見えるが，図のみかけにだまされてはいけない．横軸は50万年単位であり，縦軸はホモ・ハビリスまで100cc単位である．脳容量には変異があってホモ・エレクトゥスでも850～1250ccまでの幅が知られている．チンパンジー，オランウータンとゴリラの平均脳容量はそれぞれ394cc，411cc，506ccで，ゴリラではアウストラロピテクス属と差がない（渡辺，1985：引用文献106に引用されたNapier，1971のデータ）．また，ゴリラの脳容量の上限価は750ccであり，ホモ・ハビリスの脳容量はゴリラの変異の幅に収まる．つまり，脳容量はホモ・エレクトゥスになってはっきりと階段状の増加を遂げ，それも倍以上の増加が見られるのである

ラロピテクス属が「進化の袋小路」にいたというような後知恵の評価を超越し、彼らがその時代のアフリカに適した動物だったことを物語っている。今、ここに生きているものは、１００万年先の形に至る過渡的な形態なのではない。それは最高の形をもった生き物である。１００万年後の人類の新種を想像してみて、今の私たちはその新種に至る過渡的形である、と言えば変だとわかるだろう。

　直立二足歩行が「手の自由」や「大脳の発達」を促すというような空想人類学から離れるためには、直立二足歩行という他に類例のない特別な移動のしかたは、大脳の発達のためでなく特別な食物に関係すると考えるほうがよい。サルたちにとっては、まず空腹を満たさなくてはならないからである。ツチブタが、アリやシロアリの塚をこわせるほどに強力な腕と頑丈な爪や、アリ食用につくりかえられた特別な舌と歯をもったのだから、それに匹敵するものを人類はもったはずである。ツチブタの爪と歯はアリ食いのためだった。では、人類の手と特別な歯は、何を主食にするための道具なのか？　そして、特別な手と特別な歯はなぜ直立二足歩行という特別な移動手段を生み出したのか？

　しかし、そこにまっすぐに切りこむ前に、ちょっとした回り道をしようと思う。食物と消化器の関係を霊長類全体にわたって、歯の形と数と構成と歯列の形を哺乳類全体にわたって調べ上げることである。そうすることで初期人類の食物の範囲を推定し、人類の歯の形の特殊性を哺乳類全体のなかで位置づけてみることができる。といっても、読者は結論だけ見ればいいのだから、たいして手間はかからない。調べる私のほうが大変なだけである。

これは人類の体重（大きさ）の特殊性を知るために、すべての哺乳類の体重を調べるやりかたで「網羅的・博物学的手法」とよぶことができるかもしれないが、私としては「間接的アプローチの戦略」とよびたい。この概念は、もともとは柔道の関節技にアイデアを得て、軍隊の使いかたについてリデル・ハートが『戦略論』(83)（１９６７）でまとめたもので、一見迂遠《うえん》な回り道がもっとも効果的に核心に迫る道であることを示している。博物学の方法は、生命現象のすべてにわたって網羅的に事実を積み上げる気の長い作業の連続であるが、事実の外枠を押さえていないと個別の出来事の位置が、特別なのか、ありふれたことなのかを定めることはできない。これは方法論の問題であり、博物学の方法論であるといってもいい。しかし、リデル・ハートとはどんな動物学者なんだと、学識者が生物学辞典を探しても無駄である。彼は第二次世界大戦の戦車戦を予想したイギリスの軍事理論家なのである。

6　初期人類の体

骨格以外の初期人類の体の特徴については、いつも推測でしかない。しかし、いくつかの仮定を置いて初期人類の体を推測し、その主食のありかたをあらかじめ想定してみよう。

盲腸の大きさ

すでに述べたように、現生のヒトとオマキザルとアイアイはその体の大きさに比較して盲腸があきらかに小さい。植物繊維を分解する機能をもつ盲腸がこれほど小さいのは、霊長類では例外的で、むしろ肉食獣の盲腸に近い。オマキザルとアイアイの主食が消化のよいカロリーの高いものだったように、現代人の主食は、それが肉であれ、米であれ、果実や葉よりもカロリーが高い。水を入れて炊いた玄米のご飯でさえ100グラムあたり153キロカロリーで、リンゴなどの果実の3倍のエネルギーがある。この小さな盲腸が植物繊維を分解する必要がさほどない、高いカロリーの主食に対応していることはあきらかである。

しかし、これは現代人の盲腸であり、その食物である。初期人類の盲腸はわからないので、ただちにその食物が同じ高いカロリーのものだったかどうか、断定できない。しかし、初期人類の主食を推定する場合、初期人類の盲腸が小さかったかもしれない、ということがしぼりこみの条件として考えられる。

初期人類のような、平均体重40キログラムの動物にはきびしい条件がまっている。ある程度の低カロリーの食物でも生きてゆけるが、草や木の葉のような低カロリーの食物では生きてゆけないし、まとまった量の食物がなければこの体を維持できない。平均40キログラムという体重を選んだ場合、ある特別な条件が満たされないと、絶滅する可能性もはらんでいる。初期人類の体重は、現代人の体重とほとんど同じなので、現代人の食物から類推して高いエネルギーの食物をとったのではないか、と考えることができる。

人類の特別な歯

ヒト（現生の人類）の歯式はi2/2, c 1/1, pm 2/2, m 3/3×2＝32、つまり片側の歯の数は切歯が上下とも2本、犬歯が上下とも1本、小臼歯が上下とも2本、大臼歯が上下とも3本で、歯の数は片方が16本、合計32本である。この歯式は初期人類もまったく変わらない。オナガザル科の全部のサルや類人猿とも同じである。しかし、歯式は同じだが、初期人類以降の人類は犬歯の大きさがまったくちがう。

人類の歯の特徴は、垂直に立った切歯、小さな犬歯、エナメル質の厚い大きな臼歯が最先端の切歯からいちばん奥の大臼歯まで同じ高さの平面をつくっているところにある。他の霊長類では歯列から飛び出した犬歯が上下に噛みあって、あごの左右の動きや回転する動きを止めているが、人類のあごの動きはこれとはまったく異なっている。

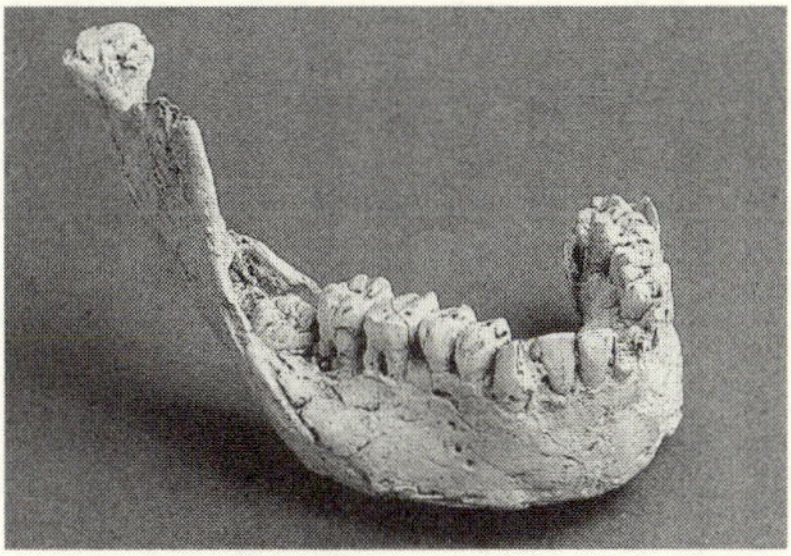

アウストラロピテクス・アフリカヌスの平坦な歯列（写真提供・諏訪元）

人類の特別なあごのしくみ

ヒトでは上下の歯は噛みあわせるのではなく、金槌《かなづち》で床を叩くように水平な平面でぶつかり、臼《うす》で粉をひくように、上下の歯列が前後左右に回転するようにすりあわせられる。それはあごの構造に関係がある。人類の顎関節はちょうど耳の孔の前にあるので、その動きは耳の下に指をあててみてもわかる。この関節は側頭骨と下顎骨とのあいだの関節で、この関節をつつむ関節包という靭帯《じんたい》がゆるいうえに、関節のなかに軟骨でできた関節円板があるので、上下の開閉と両側同時の前後の運動だけでなく、下顎骨が他の側の関節頭を中心に前後に回転する片側だけの前後運動の3種類の運動ができる。第三の動きがよく理解できない場合は、自分で口を動かして、下顎を前から右後ろ、つづいて左後ろと回転させてみるといい。

解剖学を学ぶ者なら誰でも世話になる藤田恒太郎《ふじたつねたろう》の『人体解剖学』（1947）では、この顎関節の解剖学的特徴に付け加えて「人類や猿のような雑食類では、これら3種の混合したもの（あごの動き）と考えてよい(84)」と書いているが、霊長類で人類のような口の動かしかたをするものは例外的である。たとえばチンパンジーの口の動かしかたはパクパク型で、決して下顎を回転させることはない。

このように歯列が水平な平面をつくっているのは、霊長類では珍しい。ただ、草食獣ではそれがふつうである。草食獣では下顎は平面を回転するように動き、草をすり潰している。人類の歯の特徴のひとつは、哺乳類の歯列の基本型を保ちながら、草食獣にしかない歯列表面の水平化を実現していることである。それは食物を切断するよりも、すり潰すことを主目的とした歯であることを示している。

初期人類の臼歯のエナメル質は類人猿よりも厚く、あごの骨も類人猿より高くて頑丈である。人類はあきらかに、類人猿よりもあごや歯という咀嚼器《そしやくき》の頑丈な動物として現れている。現代人にくらべるとやや小柄な初期人類が、こと歯やあごの骨でははるかに頑丈なのは、いかにもふしぎである。

こうして問題をつぎのようにまとめることができる。

「歯列の表面が平らで、臼歯のエナメル質が厚く、すり潰しシステムのある頑丈なあごと、しっかり握りしめる手をもつ直立二足歩行類人猿のニッチは何か？」と。

7　初期人類のニッチは何か？

初期人類のそれぞれの種の歯と食物は、ランバートによると一般にはつぎのように説明されている。

アウストラロピテクス・アファレンシスは、「家族グループで行動し、かたい種子や繊維質の多い植物を食糧として集めていたらしい」。アウストラロピテクス・アフリカヌスは、「歯とあごのかたちから、植物を食べながらも、肉食動物の獲物の残りものもあさっていたらしい」。パラントロプス・ロブストゥスは、「臼歯は大きく、磨耗に強いエナメル質であつくコーティングされていたにもかかわらず、すり減っているものが多かった。これらのことは、ロブストゥスが種子を含むかたい物を食べていたことを示唆する」。パラントロプス・ボイセイは、「殻のかたい食物をかみわるより、栄養価の低い葉を大量に摂取していた」。ホモ・ハビリスは、「初歩的な石器や単純な雨よけ場をつくり、植物を採集し、肉食動物のえものから大きな肉の塊をあさったり、小動物やたまには大きな動物の狩りなどをした(85)」。

このような説明は、いかにもありそうな解説にすぎない。原著論文では研究者たちは、このようななまぬるいことは言わない。それぞれの研究者が自分のもつ原データと思索の限りを尽くして、ひとつの仮説を主張しぬいている。やはり、原著を確認しなくては事実に迫ることはできない。そして、それは知的冒険として最高のものである。

a　レイモンド・ダート＝狩猟・肉食仮説

初期人類は狩猟をして、動物の肉を食べていたという説のもっとも有力な提案者は、南アフリカのアウストラロピテクス・アフリカヌスの発見者であるレイモンド・ダート（Raymond Dart）である(86)。

この論文は南アフリカの『トランスバール博物館報告』に掲載されていたのをアメリカのウィスコンシン大学総合図書館で探すことになった。しかし、ダートの名前では図書館のリストには出ていなかったので、『トランスバール博物館報告』だけを頼りに書庫のなかを自分で探すしか方法がなくなった。この総合図書館は開架式でどこにでも入ることができるのだが、その書棚の列はあまりに広くて林というより海を思わせ、感嘆の念より脅威を感じるほどで、これほどの知識の海に1冊や2冊の自分の本を付け加えることの意味がどこにあるのだろうか、と思い惑って立ちすくんだ。

この書物の森に分け入って、探しあぐねてあきらめかけたころ、妻が書棚の最下段から「表紙がないけど、これかしら」と例によって五感の外の能力を発揮して私に見せた古い雑誌が、まさにそれだった。

ダートの書いた一般向けの著作『ミッシング・リンクの謎』[87]（1959）も訳者の山口敏さんの学識とみごとな翻訳で読ませるもので、初版から35年後に新装版がでたほど価値ある本だが、なんといっても原論文は面白い。本人の集めた元の資料を見ることができ、その生の資料からどのように思考が組み立てられていったのかを感じることができるからである。

ダートは石器よりも身近にあって道具として使いやすい獣骨や歯や角が、石器よりも古い道具ではないか、と考えついた。そう考えれば、いくつかの事実を説明できる。アウストラロピテクスといっしょに発見されたヒヒの頭の骨には孔が開いていたり、叩いて割れたあとがあるのがふつうだが、その打撃の痕にはカモシカ類の足の骨の太い関節の部分がぴったりあてはまるし、ヒヒの頭に開けられた孔にはカモシカ類の角があてはまる。この仮説をたてるにあたってダートが集めた資料はものすごいもので、マカパンスガット（南ア共和国北部トランスバール州にある洞窟）の4600トンの洞窟堆積物から7159個の骨や歯や角を調べたという。

ダートは調べた骨の一覧表をつくり、自らその説明を行う。が、その説明そのものにダートの偏見と論理矛盾が見て取れる。

「頭蓋《とうがい》と角は、液体をいれる容器として使われた。カモシカ類の下顎は鋸《のこぎり》としてもナイフとしても、便利なものだっただろう」という言明には裏づけさえない。

ダートは、角のある頭の骨や下顎骨や上顎骨はアウストラロピテクスの道具だったという。だから、洞窟にもちこんだのだと。しかし、つぎにはそれと矛盾することを言う。

「(洞窟出土品には)ウマの足の骨がない。それはアウストラロピテクスが洞窟にウマを運ぶ前に、その足を武器や叩く棒として使ったからである。尺骨がないのはその先端は短剣のかわりに、もとの関節はハンマーの頭として使われたからである。尾骨はたったひとつしか見つからなかったが、これは人類の伝統的な行動からいって、アウストラロピテクスが獲物の尾を鞭《むち》や合図に使ったからだろう。また、くるぶしの骨のような足根骨や手根骨が少ないのは、脊椎骨と同じように投げたためだろう」

ダートは先駆者の常として、あるいは突破者の常として、自分の矛盾にはまったく気がつかない性格なのである。洞窟内にあるものは使うためであり、洞窟内にないものは使ったためであるという説明や、そこにないものからあるひとつの活動を説明するのは大胆と言う以外にはない。こういうことは随所に見られるが、最後にひとつだけ引用しておこう。

「肩甲骨はものを切る道具である。肩甲骨はインド゠ヨーロッパ語では、切り裂く技術と概念とに、わかちがたく結びついている」

肩甲骨は英語ではブレイドであり、そしてブレイドは草の葉や刀の刀身を意味するので、ただ幅のある薄いものという意味がそこに込められているというよりは、何かを切るものという意味がそこに込められているというのである。しかし、だから何だというのか。アウストラロピテクスが洞窟内にある肩甲骨を刀として使ったという証拠として、英語がもち出されても、日本人には納得できない。だが、原論文の面白さはこういうところにある。きらめくアイデアも偏見も先入観も差別意識もむき出しなのだ。

狩猟仮説では、アウストラロピテクス属が肉を主食にしたと、仮定する。では、大きな臼歯の厚いエナメル質と平らな歯列面を、どのように説明できるのだろうか。イヌやネコを見ればわかるが、肉を主食にする動物は、それを切り裂く牙状の犬歯と噛み裂くための裂肉歯という特別な形の臼歯をもっている。肉はやわらかいものではないし、ことに骨についている腱《けん》や皮を切るためには、鋭い歯が必要である。巨大な臼歯や厚いエナメル質やあごのすり潰しシステムは、肉を食べるという点ではほとんど意味がない。つまり、人類を含めて霊長類の歯は肉食にはまったく適していない。

鋭い犬歯や裂肉歯という特別な歯がなくても、「石器が犬歯のかわりをして」肉を主食にできるという考えかたは、成立するだろうか。それもむつかしいことだと私は思うが、アウストラロピテクス属の時代には石器は知られていない。もっとも古い石器はケニアのトゥルカナ湖やエチオピアのゴナで発見されたもので、260万年前あるいは250万年前とされる。(82) この年代は、アウストラロピテクス・アファレンシスのすでにいなくなった後である。

こうして、アウストラロピテクス属の肉食仮説はやや下火になり（決して消えたわけではないが）、じつにさまざまな仮説が登場することになる。その一番手は種子食仮説である。

b　クリフォード・ジョリー＝種子食仮説

クリフォード・ジョリー（C. J. Jolly）が独創的だったのは、初期人類のニッチを解明する手がかりとして、ゲラダヒヒを比較の対象に選んだことにある。ある動物の種を取り上げて、その解剖学的構造と生態との関係を初期人類に適用するというこの発想は非凡だった。彼は行動、四肢構造、頭蓋と下顎、歯の各部分の48項目をあげ、そのうち22項目がヒト科とゲラダヒヒに共通であるとして、これを「ゲラダヒヒ―ヒト科平行現象」とよんだ。狩猟仮説では、人類の犬歯が小さくなる傾向は、武器の使用によるものとしたが、ジョリーはこれにたいしてそれが食物そのものによるのだと推定したのである。(88)

「親指と人差し指での上手なつまみかたが両方の種の特徴で、……ゲラダヒヒの親指と人差し指の対向性は、ヒトとくらべても発達している。あごと歯には似ている点が多い。両種とも、咀嚼筋はすり潰しと噛み砕きの力を最大にするよう配置されており、切歯でかじったり、引き剝《は》いだりする力は弱くなっていて、果実の皮をむしったり、肉を骨から引き剝ぐのに使うには適していない。両種ともに切歯は小さく、ゲラダヒヒでは他のヒヒ類よりも体重に比して臼歯が大きい。ゲラダヒヒで切歯が小さく、臼歯が大きいのは、食物を切歯でよりも臼歯で長いあいだ嚙みつづけるからである」

こうして両種の比較のなかから、ジョリーは重要な一致点を指摘する。「これらの共通点はゲラダヒヒと初期人類が同じように、小さな固い食物を食べていたからである」

この小さな固い食物を食べるために必要なあごの運動として、ジョリーは人類のあごの回転運動に注目する。これは先に述べたように、たしかに人類の特徴である。

「このようなヒト科の歯とあごの形と運動は、決して草を細切れにするためのものではなく、粉ひき機のように固い小さな球状のものを摺《す》り、ひき潰すことに適応している。この運動を効果的に行うためには、食物を口のなかでまわして、食物の構造の弱いところを探して、潰してはまぜあわせることが連続的にできなくてはならない」

まぜあわせなくてはならない、小さくて固い食物とは何か？

「それは草の種子であろう。これは多くの哺乳類に、多大なカロリーを供給できる食物である」

こうして、初期人類は草の種子を主食とするニッチを占めたのだと、ジョリーは主張した。また、初期人類は「土壌と気候から木の育たない場所」にすみ、「中型、大型肉食獣との競合のない」ニッチで生きていた、とジョリーは推測する。

ただし、これだけでは現在の狩猟民の生活を説明できない。そこで、ジョリーは種子食から肉食への2段階進化を提案している。種子食の初期人類と狩猟によって肉食をはじめたヒト属の人類である。この2段階のふたつの食物は、同じ分類グループの動物としてはちょっと説明しにくいほど隔たっていることが、この仮説の大きな障害となっている。

しかし、ジョリーの種子食仮説は、初期人類の生活にニッチ概念によって切りこんだ最初の労作となった。この仮説はひじょうに強い影響をもったし、今なおその論理は健全である。ジョリーは、初期人類の主食を解明するために、その歯と手の特徴を同時に満足する仮説を立てる方向をめざしていた。まさに、この方向こそ初期人類のニッチの謎を解く鍵である。

しかし、実際には初期人類とゲラダヒヒはそれほど似ている動物ではない。ゲラダヒヒの主食は草と根茎であり、その固い繊維を切り刻む臼歯は、つるりとした人類の臼歯とはまったく異なる。また草の種子は人類の食物としては、いくつもの問題がある。ジョリーの仮説の難点は以下のとおりである。

第一、草の種子を食べるニッチは小型ネズミ類が占めている。ネズミ科とキヌゲネズミ亜科（ネズミ科のユーラシア・アフリカ地域群）が出現して爆発的に繁栄するのは、草原が地球上の有力な植生として現れる鮮新世以降（510万年前）のことである。ジョリーもまた「穀物はネズミや鳥類のような小型の動物以外は利用しない」という。しかし、「正確に小さいものをつかむことができる手をもっていた初期人類は、他の中型、大型哺乳類との競合がほとんどない、この高いエネルギーをもつ食物を利用できた」と考える。

たしかに草の実は大量に実るが、それを拾い集めて主食とするためには、特別な体重クラスの人類には無理がある。それは集めるにはあまりに栄養源として少なく、大型の体を養うには労力のほうが大きすぎる。ツチブタのアリ食いの例もあるのだから、主食の食物が小さいからそれだけを食べて生きるのが無理と言うのではない。小さいものを集めるのなら、ツチブタの舌のような特殊な収集道具が備わっていなければならない。その収集道具が人類の微妙な動きのできる手だとジョリーが言うのは、言いすぎである。それは自分自身が道具なしで草原のミリ単位の草の種子を集めて、今日のご飯をつくると考えてみればよくわかるだろう。それができるのは、むしろニホンザルの手であって、人類の手はそれほど効率的な種子集めの道具ではない。

第二、人類が穀物を主食とするのは農耕がはじまってからであり、それは熟しても実が落ちない特別な品種が選択されて栽培されるようになってからである。どの野生の禾本科《かほん》（ムギ・イネなど）の草でも、実が熟すと穂がはじけて種子は落ちやすくなる。しかし、野生のコムギのなかには種子が熟しても穂がはじけず、穂にまとまったままのものが変種として生まれることがあり、このごく少数の例外を選び、拾い集めて、人類は紀元前7000年ころに中近東の各地で栽培をはじめたのである。この栽培がはじまる前に野生のコムギを収穫した遺跡は残されているが、それでも1万年前であり、それまでのあいだに人類が草の種子を主食にした証拠はない。

人類がこのカロリーの高い食物をまとめて手に入れるためには、特別な変種の選択と栽培が必要だったのであり、それは初期人類の時代には不可能である。

第三、生の穀物のデンプンは、そのままでは人類には消化しにくい。穀物のデンプンをつくっているのはブドウ糖が重合したアミロペクチンとよばれる分子である。生の状態では、アミロペクチンは結晶構造をつくって整然と並んでいる。このような結晶構造をもつデンプンをβ-デンプンとよぶが、水に溶けにくく、消化されにくい。しかし、この生のデンプンを水といっしょに熱すると、コロイド状の糊《のり》となり、α-デンプンができる。このデンプンはよく消化される。(89)

もしも、初期人類が穀物を主食としていたのなら、彼らの消化酵素も生のデンプンを消化できていただろう。現在でも穀物を主食にする人種は多いのだから、それがのちの時代には失われて、今の人間には生のデンプンが消化しにくくなっているというのは、理屈にあわないだろう。

第四、草の種子が熟すのは季節が決まっていて、いろいろな草の種子を食べたとしても種子が熟す期間は最長でも半年間だろう。では、それ以外の期間には初期人類は何を食べていたのか?

初期人類は種子を貯えていたかもしれない、という仮定をすれば、無理なく種子食の主食仮説が生きるかもしれない。しかし、たとえ種子を貯蔵しても、野生動物への対策がなければ、ただ彼らのご馳走をつくるだけになる。密閉された土器やネズミ返しは農耕の発生とともに現れるのであって、初期人類とともに現れるのではない。そしてネズミ返しがなければ、貯蔵した穀物をネズミ類から守るのは不可能である。

第五、草の種子を主食にするネズミ類の歯の構造と人類の歯の構造はまったくちがっている。ネズミ類の臼歯は、エナメル質と象牙質とが入り組んだ複雑な、ぎざぎざの波をうった表面をつくって並ぶが、それは人類の厚いエナメル質で覆われた、表面の丸い、平らな歯列をつくる歯とは、まったくちがっている。ネズミ類の臼歯のぎざぎざの表面は、穀物の削り取りに最適の道具ではあるが、人類の滑らかな臼歯はそれにはまったく向いていない。

第六、ゲラダヒヒの主食はイネ科の草の葉と特別な草の地下の根状茎であり、(90) その歯の歯冠の構造は複雑で、ハタネズミ類やイボイノシシやゾウのような草を食べる動物に似ている。歯冠の咬頭は高く（歯の嚙みあわせ面のでこぼこは大きく）、前後に長い。臼歯は表面が磨滅すると、エナメル質の切断部が2列になって現れる特別な構造をもっていて、草を切り刻むのに効率がいい。このような歯の構造は多くの草食獣と同じで、葉を食べる霊長類でも共通の特徴である。ゲラダヒヒの歯は森林にすむコロブスモンキー類の歯にも似ているが、これは両者ともに大量の植物を食べるためといってよい。

人類の歯の構造はゲラダヒヒの歯とはまったくちがう。人類の歯冠の咬頭は低く（臼歯の咬合面のでこぼこがなだらかで）、エナメル質は厚く、その表面は平らで一様である。臼歯の表面は磨耗後も厚いエナメル質に守られて、嚙み砕きすり潰す面を維持している。

ジョリーの仮説とはまったくちがって、ゲラダヒヒと初期人類とはその歯の形とその機械的機能が異なっており、それぞれ別のニッチを示している。

ジョリーの種子食仮説について、アメリカ自然史博物館のスザレイの批判を紹介しておこう。「ジョリーは小さな穀物でこのサイズの大きな動物をやしなうことは通常では不可能だと知って、『小さなものをつまむことのできる精妙な手があったことが、種子を効率よく採集できて、それを主食とすることを可能にした』という。しかし、それなら直立二足歩行という劇的な変化ではなく、ゲラダヒヒのような四足歩行で、狭い範囲を坐って探し回る姿勢をとったほうがよかったのではないか。このほうが、草の実を採集するためには効率的である[91]」

たしかに、ゲラダヒヒ仮説では直立二足歩行の起原を説明できない。のちに紹介する肉の運搬仮説を提唱したヒューズの論文には、二足で歩くサルの姿と四足で歩こうとしている女性の姿がいっしょに描かれているが[92]、地面の小さなものを拾い集めるためには、直立二足歩行はひじょうに不自然な姿である。

c　リチャード・ケイ＝堅果食仮説

臼歯のエナメル質が厚い霊長類は、ヒト属とアウストラロピテクス属、人類に近いとされる化石類人猿のシヴァピテクス、現生の霊長類ではアジアの類人猿オランウータン、南アメリカのオマキザル属、アフリカのマンガベイ属である。逆にエナメル質が薄いのはアジア・アフリカにすむコロブスモンキー類とアジアのテングザル属、類人猿のチンパンジー、ゴリラである。

アメリカ人の解剖学者リチャード・ケイ（R. F. Kay）は、霊長類の歯のエナメル質の厚さについて検討した結果、エナメル質の厚い初期人類は、堅果食をしていたというナット・クラッカー仮説を提出した(93)。

「現生の旧世界ザルでは、果実食のサルの臼歯のエナメル質は、それに近縁の葉食の種のエナメル質よりも厚い。また、もっとも厚いエナメル質をもつ種は、近縁の種が砕いて食べることのできない果実や種子や堅果を食べる。臼歯のエナメル質の厚い中新世のラマピテクス類は、樹上性の齧歯目《げっしもく》や林床のイノシシ類が食べていた固い果実や種子や堅果がその主食だったと推定される」

ケイは「歯のエナメル質が厚いマンガベイは、他のサルたちが食べられないほど固い果実を割って食べている。また、オランウータンは固い果実を食べるので、それを噛み割る音が林内に響くほどだといわれている」と、間接的にサルたちの野外調査の結果を紹介し、これを根拠に、歯のエナメル質が厚いのは固い果実を噛み割るためだと結論した。

この堅果食仮説は、人類の歯の特徴のひとつである厚いエナメル質の秘密を解明したものとして、一時はひじょうに高く評価された。イギリスの原猿類学者マルチンも、果実食の類人猿から人類の肉食への過程は、比較的カロリーの低い果実から高いカロリーの肉への過程であるとして、ラマピテクス段階で高いエネルギーをもつ堅果を食べたとするのは、考えやすいと賛成している。[2]

そうなると、堅果がある森林で初期人類は発生したということになり、ケイもマルチンと同じく「現生の霊長類では、臼歯のエナメル質の厚い種は樹上性であり、ラマピテクス類も樹上性なので、人類が草原で進化したと信じる理由はない」と結論づけた。

この仮説の問題点をあげる前に、ケイらの論拠となったサルの野外観察の原論文を覗いてみよう。アメリカの霊長類生態学者ウェーザーによれば、ホオジロマンガベイの食物の約6割が果実で、その多くはイチジク類と石果である。[94] 石果とは、モモやサクランボのように内部に1個の固い種子がある果実であり、クルミやラミーもこの仲間に入る。マンガベイはときに種子を食べるが、その嚙み割る音が大きく、他のサルはこれを嚙み割ることができないので、マンガベイの位置を知るのに使われたという。しかし、種子を嚙み割るのはマンガベイにとってふつうの方法ではなく、種子はマンガベイの主食ではない、とウェーザーは付け足している。

オランウータンを最初に野外で研究したイギリスの霊長類学者マッキノンは、オランウータンは体が大きいので他のサルたちが食べられない固い果実や大きな果実を食べることができ、そういう果実の割合が35パーセントにのぼると指摘した。[95] より詳細な調査によると、オランウータンは果実、葉食者であり、ボルネオにすむマカク属のサルたちにくらべると、その食物には葉の割合が多いという。[96] しかし、長年オランウータンの研究をしている京都大学霊長類研究所の鈴木晃さんによれば、オランウータンの食物でもっとも大きな割合を占めるのは樹皮だという。第6章でゴリラとオランウータンについて述べたように、このふたつの種のエナメル質の厚さの差は、その主食のちがいによるものであり、固い樹皮の咀嚼のためには厚いエナメル質が必要なのだろう。

堅果はドングリだから、ニホンザルなどのサルの主食であり、ことさらに厚いエナメル質を必要としない。ケイもマルチンも堅果といいながらも、マンガベイの音を立てるほどの種子食を考え、カロリーの高い食物を想定しているが、それは石果食である。

石果を主食とするためには、固い種子の殻を効率的に開けるアイアイのような丈夫な切歯か、特殊な技術が必要になる。フサオマキザルはヤシの石果を噛み割るだけでなく、石果を木の幹に叩きつけて割る。カロリーの高い石果は、モモであれ、クルミであれ、ラミーであれ、ヤシ類であれ、かなりの大きさになるので、直接噛み割るのはふつうの歯ではむつかしい。

脂肪を含んだ高いカロリーをもつ種子を噛み割るための力は、サバンナの種子では177～934キログラム、熱帯雨林の種子では192～1673キログラムであった。[97] 現代人の噛む力は91～158キログラム、アウストラロピテクス・アフリカヌスは150～200キログラム以上の力があったとされる。[98] これからみると、ヒトはもちろん、大きな歯と強いあごをもった頑丈タイプ（注）のアウストラロピテクス属でも、あごの力だけではこれらの植物の

人類各種の臼歯の大きさの比較

人類種名	臼歯領域の広さ(mm²)	臼歯の大きさ
アウストラロピテクス・アファレンシス	460	ふつう
アウストラロピテクス・アフリカヌス	516	ふつう～大きい
アウストラロピテクス・ガルヒ	—	大きい
パラントロプス・エチオピクス	—	大きい
パラントロプス・ボイセイ	756	大きい
パラントロプス・ロブストゥス	588	大きい
ホモ・ハビリス	462	ふつう
ホモ・サピエンス	334	—

（出典：臼歯領域の広さ，McHenry, H. M., 1984, Relative cheek-tooth size in *Australopithecus, Am. J. Phys. Anthrop.*, pp.297-306. 臼歯の大きさ，引用文献130）

注：ホモ・サピエンスの臼歯の大きさについてのコメントはどの論文にもないが，「小さい」とすべきだろう

種子を噛み割ることはむつかしかっただろう。

もしも、初期人類が石果を食べるとしたら、フサオマキザルと同じように何かに石果をぶつけたか、あるいは何かで石果を叩き割っただろう。いちばん可能性があるのは、チンパンジーがやるように石器を使うことだろう。しかし、この作業をするチンパンジーのエナメル質は薄いままである。石果の殻を石で割って、中身を食べるのだから、分厚いエナメル質は必要がない。

オランウータンは堅い種子を噛み割るほどの強力なあごをもち、頑丈な臼歯をもっていることはあきらかだが、その犬歯は大きく、石果の殻を噛み割っても、噛み砕き、すり潰す方向にないこともあきらかである。その厚いエナメル質は固い樹皮食に適していると考えるほうがいい。

石果の種子の殻はひじょうに堅いもので、粘り強い堅さを示す靭性では、歯のエナメル質に劣らない。ア

イアイが石果の殻を削ることができるのは、歯のエナメル質の硬度が石果の殻よりも高いためだが、噛み砕くとなるとまったく別の問題である。人類を含めて霊長類では、この石果の殻をこなごなに砕くほどの歯は開発していない。

人類の歯の特徴は、エナメル質の厚い臼歯だけではない。犬歯が小さくなって、歯列の表面が水平になっていて、あごを回転させてのすり潰しができるようになっている。オマキザル属もマンガベイ属もさらにオランウータンでも、それらの犬歯はヒトとは似ても似つかぬ大きなものである。この犬歯の大きさは、あごの動かしかたがこれらのサルたちでは、人類とはまったくちがっていることを示している。この問題についての解答は、堅果食仮説のなかにはない。

最後に、ちょっとだけ付け加えておこう。ケイは歯のエナメル質の厚い哺乳類についても調べている。「貝やカニを食べるラッコは、魚を食べるカナダカワウソよりも歯冠は低く、歯のエナメル質は厚い」(93)。魚を食べるには噛み潰すよりも噛み切ることが必要で、するどい歯のほうがよい。貝やカニを食べるためには固い殻や甲羅を噛み割り、噛み潰さなくてはならないから、歯の厚いエナメル質が役にたつのだろう。となると、人類は？

注・アウストラロピテクス属の頑丈タイプと華奢タイプについて　アウストラロピテクス属には、臼歯の大きな頑丈タイプと華奢なタイプがあることが、その発見の当初から知られていた。もっとも、華奢タイプとはいってもヒト属の臼歯にくらべれば大きなもので、ジョハンソンとエディ（1981）が言うように「いくつかの大臼歯は、ほんとうに大きく頑丈で、現代人の倍ほどもある。第二に、大臼歯のエナメル質がきわめて厚いということだ。これもヒト属よりずっと厚い」。

華奢タイプはアフリカヌスとして知られ、300万年前に出現するが、頑丈タイプは東アフリカでも南アフリカでも華奢タイプよりも遅く、200万年前に出現する。現在、これらの頑丈タイプはパラントロプスとして別属に分類されることが多い。

アウストラロピテクス属のアファレンシスの臼歯は、この華奢タイプにくらべても小さなもので、初期のヒト属の臼歯の大きさに近かった。

d　植物食仮説

イギリスの霊長類学者ダンバーは、アウストラロピテクス属の「果実―根茎食」仮説を提唱した[99]。これに似た仮説はかなり多い。チンパンジーやヒヒの食べる植物を現代でもアフリカの現地人が食べていることから、初期の人類もまたこれらのサルたちと競合して植物を主食にしていたのだという主張[100]、植物の地中の根や塊茎を主食にしていたという西田利貞さん[101]やジョン・スペスの主張[102]、パラントロプス・ロブストゥスは草とその種子と根に特殊化していたが、ヒト属は果実や根や肉も食べていたという主張[103]など、植物食については多くの仮説が提出されている。

初期人類の食物として植物食がこれほど有力視されるのは、頑丈タイプのアウストラロピテクス属（＝パラントロプス属）の歯の巨大さとあごの頑丈さが注目されているからである。もっともこれには異論もあって、先に引用したランバートは「（パラントロプス・ボイセイの臼歯は）ヒトの4倍の大きさがあったにもかかわらず、押し潰す力はヒトと変わらなかったことが生物力学の研究からあきらかになっている。ボイセイは、殻のかたい食物をかみわるより、栄養価の低い葉を大量に摂取していたようだ」[85]と、パラントロプス属は固い植物食ではなく、草などのやわらかい植物を食べていたと説明する。また、パラントロプス属のあごの動かしかたが、草食獣のすり潰しタイプに似ているとして、草食説を支持する日本人学者もいる[104]。

たしかに哺乳類の歯のなかで人類のように、歯列が平らな平面をつくっているのは草食獣だけである。しかし、草食獣の歯をもっとよく見ると、ヒトの歯とは根本からちがっていることがわかる。

　ウシ科の臼歯は人類のものとはちがって、歯の表面はやわらかい象牙質と硬いエナメル質とが交互に縞《しま》になっている。草は上下の臼歯のあいだにはさまれ、2層の砥石《といし》にかけるようにすられて、強い繊維が切断される。霊長類でも葉食の種では、エナメル質の層が2列になって、草の繊維を切り取るようになっていることは、ゲラダヒヒの例で述べたとおりである。しかし、ニラを食べればわかるように、草の繊維はよほどやわらかいものでなければ、ヒトの臼歯では切ることはできない。

　この難問をクリアしようとするのが、根茎主食説（イモ食仮説）である。これなら強い繊維の問題はなく、カロリーもそこそこに高い。西田さんが私の仮説の展開を余裕をもって見ていたのは、この点である。「じつは私は、昔からこの（イモ食）仮説を信奉している。文明と接触を持つ前の狩猟採集民が、例外なく持っていた道具は掘棒だった。これは土を掘るだけでなく、小動物を殺したり、武器としても役立つ多目的道具であったことはまちがいない[30]」

根茎を主食とするには、それを効率的に掘り出す能力がなければならない。西田さんのこの仮説への自信は、渡辺仁さんの掘り棒仮説の影響を受けていると、私は見る。初期人類の手はそれだけでは掘り出すための道具ではないが、掘り棒があったなら事態は簡単である。それは、「ダーウィンの槍」（注）のように、人類の直立二足歩行をも説明することになる。こうして掘り棒仮説は、私にとってもっとも大きな難問となった。

注　ダーウィンの『人類の起原』[105]（1871）には、有名な一節がある。「石や槍を投げるには、あるいは他の多くの動作には、人はしっかりと足で立たなければならないが、それにはまた多くの筋肉の完全な協調が必要なのである」

それにしても、ダーウィンがほとんど予言者のように見えるのは、こういう細部についての思考の確かさのためである。この短い一言で直立二足歩行の核心部を言いあてている。道具使用が二足での直立姿勢の理由である、ということをほとんど常識にしてしまったのは、ダーウィンのこの一言からはじまっている。しかし、直立二足歩行の具体的なプロセスが問題であり、どういう道具なのか、何のための道具なのか、についての集中した検討こそ必要である。

e　渡辺仁＝小動物・根菜類仮説（掘り棒仮説）

「人間は森林を離れて開放地に進出した数少い霊長類の一種であるが、その同類であるヒヒは強力な犬歯を武器として外敵にたち向っている。また草原のパタス・モンキーは驚くべき疾走力によって外敵に対処している。しかし化石の証拠によると、開放地に進出した初期人類は強大な犬歯が欠けていただけでなく、直立2足化によって、一般のサルや類人猿のレベルの走行能力さえも失っていたのである。これは防御上だけでなく肉食上からも利点とはいえない。以上の事実だけからみると、直立2足化は生態学的な矛盾である。それでは一体何のために人間は立ちあがったのか、これが人間の進化の根本的な第1問である」(106)

この渡辺仁さんの大著『ヒトはなぜ立ちあがったか――生態学的仮説と展望』（1985）はこの「人間進化の第1問」に真っ向から答えるべく、最初に生態学的仮説を展望し、つぎに類人猿からはじまるヒト化を各段階ごとに生計、工具、ロコモーション（移動様式）の3要素にまとめて、それぞれを検討している。

「Darwin 以来 Washburn に至る従来の道具重視論がいずれも採食活動を通しての道具と2足化との必然的関係についての明快な説明に失敗してきたのは、狩猟採集民の道具の機能的―生態的データの利用を怠ってきたことが主な理由と考えられる。それ故に、従来の道具重視論の不備を理由にそれを放棄することは妥当ではない」

こうして、渡辺仁さんは断固として、道具と直立二足歩行の関係を必然と見る。しかし、直立しての歩行と狩猟のための走行とは、またまったくちがった次元の問題であるとして、「前期（2足化）を小動物猟および植物採取活動への適応、後期（現代人式2足性）を大動物猟の発展への適応とする新しい生態学的作業仮説（狩猟―走行モデル）を提案した」。前期はアウストラロピテクス属（アウストラロピセサイン）の時代、後期はホモ・エレクトゥスの時代以降である。

渡辺仁さんは人類の二足歩行は開放地（サバンナなどの草原まじりの森林）への適応である、と前提する。その開放地へ進出するために食性の再適応が必要だったと仮定する。「これに関して、特に注目すべきは、根菜類の開発の可能性である。……地表下の食糧資源は……植物性資源だけでなく、穴居性小動物もある点に注意すべきである」、「現生狩猟採集民の植物採掘具は一般に〝掘り棒〟とよばれるものであって、……このような単純な道具の起原はきわめて古い……おそらくホモ・エレクトゥス時代以前にまでさかのぼることが確かであろう」。こうして、初期人類は地下の食物資源を開発するために掘り棒をもつようになった、と言う。「ヒト科の祖先は、霊長類としての強大な犬歯を欠くだけでなく、2足化によって敢えて走行速度をも低下させた点で、肉食動物の進化の通則に反したことになる。この異例の、肉食化にはマイナスの方向への形態・構造的進化をうながした要因は、これもまた動物界に前例のない適応方策としての道具の積極的開発以外には考えにくい」

「道具」は渡辺仁さんが終生追求した課題で、彼はまた石器については日本最高のオーソリティーだったし、狩猟民の道具についても権威だった。生計と道具と移動様式という三位一体を語るためには、これ以上ない適任者である。そこでは、類人猿がどのように道具を使うか、ことに棒をどのように使うかが写真を入れて詳細に説明される。

「Köhlerによると……チンパンジーは夏の草枯れ期には根菜を掘って食する習性を示し……はじめ手で掘っていたが、(遊びで使いはじめた棒を) 根菜掘りに応用し」たという実例に続いて、オーストラリア原住民が穴からトカゲを掘り出している写真まで紹介され、掘り棒の重要性が強調される。

「アウストラロピセサイン段階の掘り棒は、おそらく現生狩猟採集民に似て変異があり、最も単純なものは単なるありあわせの棒切れ（Köhlerのチンパンジーとオーストラリア原住民の例）から、最も進んだものは先端を削って鋭くした現生狩猟採集民型に近いものまで使用された可能性が大きい。アウストラロピセサイン段階（少なくともその後期）は明確な石器製作の証拠によって特徴づけられるが、これは言いかえると刃物の製作であって、……その第一義的用途と主な生態的意義は道具の工作——特に掘り棒加工と解釈できよう」

チンパンジーでさえ特定の状況では、棒を使う。オーストラリア原住民も棒切れを使って穴を掘り、実際に食物を得ている。となれば、類例のない道具使用によって新しい食物資源を開拓した人類が、類例のない直立二足歩行を実現したのは当然ではないか？

こうして、私はほとんど渡辺仁さんに説得されかかっていた。続いて、オーストラリア原住民が歯で棒をむしって掘り棒をつくっている写真が掲載される。道具なしでも掘り棒はできるのだ！　だとしたら、私がつねづね渡辺仮説の弱点だと思っていた点は解消される。「セマン族が……使う掘り棒は……数分間の使用で先端が鈍化する」ような道具は、先端を削る石器もいっしょにもち歩かないと、実際には使えない。掘り棒仮説は石器と掘り棒の混合技術体系を意味するので、アウストラロピテクスには不可能だと、私は考えていた。掘り棒と石器をまとめてもつためには、袋なども必要だろうから、そういう道具群を初期人類から想定している渡辺仮説は無理なのだと思っていた。しかしこの疑問も、掘り棒を歯でかじるアウストラロピテクスを想像すると、解消してしまう。

これなら人類特有の握るための手の形と直立二足歩行を説明できるかもしれない。食物を掘り出すためにいつも掘り棒をもっているのだから、二足で立ち上がって動くほうが効率的である。道具は坐って使うほうが圧倒的に多いという批判はともあれ、何しろ物をもった霊長類はどの種も立ち上がる。類人猿でも同じことである。類人猿たちは樹上生活で直立姿勢をとることが多いから、この姿勢の移行に困難はなかっただろう。ダーウィンが解説したように、立ち上がって棒を使うためには、そうとうなバランス感覚と手足の協同が必要だから、食物を掘り出す日常の活動はこのバランス感覚を研ぎ澄ましたことだろう。この活動の先に直立二足歩行を想像することは可能である。

では、「掘り棒仮説」で人類の直立二足歩行の起原の謎は解かれたのだと言っていいか？たしかにこの仮説は多くの事実を説明する有力仮説である。だが、気がかりな点がいくつもある。

第一に、掘り棒仮説では人類の歯の形の説明ができない。なぜ小動物・根茎食者だったはずの初期人類が、犬歯を失い、厚いエナメル質の臼歯をもったのか？　小動物食で肉を骨と腱ごと噛み砕くには、肉食獣の裂肉歯が必要だし、他方の根茎には繊維があるので、これを切断するには葉食者の切断タイプの歯の列が適している。大型の犬歯は肉食にも根茎食にも有用なので、これを失う理由が掘り棒仮説では説明できない。

第二に、アウストラロピテクス属のニッチを小動物・根茎食とすると、現代狩猟採集民とほとんど変わらない。そうすると、野生動物だったアウストラロピテクス属とヒト属の現生の狩猟採集民のニッチが同じことになる。同じニッチに複数の動物種は共存できない。

また、霊長類で唯一地面を掘って根茎を食べるゲラダヒヒの特徴は、その切断タイプの臼歯と大型犬歯と爪をスコップに変えた指先の特別な形である。もちろん、ヒトは道具を使うのだから爪の発達は必要ないと言うこともできるが、私たちでさえ山芋掘りに素手を使うことはある。細かい作業は素手のほうが便利である。しかし、初期人類には頑丈な爪があった形跡はない。

第三、土中の食物をそのまま食べると、堅いこまかい砂のために歯に特有の磨耗ができるはずである。それはエナメル質の厚さだけでは解決できないものなので、歯の極端な磨り減りが起こる。これがゾウやジュゴンなど土砂を含む食物を食べるタイプの歯で、彼らの歯列は磨り減った歯を前方に押し出しながら、奥から新しい歯を準備するという独特な水平置換方式をもっている。

ゲラダヒヒは土中から植物の塊茎や根を掘り取って食べても、ゾウのような臼歯の磨り減りかたはしない。土を払うヒヒ類の繊細な指先は、臼歯の磨り減りを少なくするのだろう。しかし、ゲラダヒヒではこれらの植物食に対応して、臼歯は繊維質の食物を摺り切る特別な歯になっている。これは人類の滑らかな表面の臼歯とはまったくちがうものである。

掘り棒仮説では、人類の手の形と移動方法はうまく説明できても、歯の形の特徴を説明できないのである。つまり、それは主食の方向を指し示していない。

f　スカベンジャー（残肉処理者）仮説

アフリカのサバンナには、草食獣の死体は、たっぷりあった。そこで動物の死体がどれほどたくさんあるかを、ゴリラやパンダの野外研究で有名なシャラーらが調べたことがある。２人の研究者は数日間で合計１６０キロメートルを歩き、ガゼルの赤ん坊や部分的に食われたガゼル成獣の死体ふたつなど合計35キログラムの肉を見つけた。彼らが行った川沿いの調査では、1週間にシマウマの子供やウシの死体など合計４００キログラムの肉と、ライオンにほとんど食いつくされてはいるが、骨を割れば骨髄を食糧にできる4頭分のカモシカ類を発見したという。[107] これは、初期人類が動物の死体を食物としたという、スカベンジャー仮説を支持する調査結果だった。

スカベンジャーとは肉食獣の食いのこしを掃除するという意味だが、腐ってしまった肉が食べられるわけもないので、腐肉食というよりも獲物の残肉処理者あるいは獲物の横取り食というべきもので（渡辺仁さんは「掠《かす》め取り」とよぶ）、肉食獣がとった獲物を横取りするという積極的な行動型も含んでいる。また、初期人類はスカベンジャーだけを行ったというのではなく、狩猟と組みあわせて行っていたと多くの学者は説明する。

g　レビス・ビンフォードのスカベンジャー仮説

スカベンジャー仮説をもっとも早く提唱したのは、アメリカの人類学者ビンフォード（L. R. Binford）である。彼は、タンザニアのオルドバイ渓谷のFLKジンジャントロプス層（175万年前のオルドワン文化の石器とホモ・ハビリスを含む）から出土した哺乳類の骨の破片を分析して、これらの骨はホモ・ハビリスが狩猟した結果ではなく、他の肉食獣の残りを集めて食糧にした結果だと推定した。[108] この論文はひじょうに反響をよび、この遺跡の評価をめぐって、ダート以来の狩猟仮説をとなえる同じアメリカの人類学者バンとクロールのチームとビンフォードとが論争を繰り返した。[109〜112]

それは遺跡に残されている骨の構成が、ビンフォードが言うように肉の少ない頭の骨や足の先のほうなのか、それともバンとクロールが主張するようにそれとはまったく逆に肉の多い足の上のほうの部分なのか、というどこの骨かという論争だった（まったく人類学者というものは、どこの馬の骨か、という争いをする）。また、のちには、骨につけられた切り傷から骨を割って骨髄をとりだしたものか、それとも骨についた肉をとったものか、という評価をどのように行うかというじつに細部にわたる論争だった。

このFLKジンジャントロプスという層は、マリー・D・リーキーが人骨と多くの哺乳類の骨を発掘したことで有名な遺跡で、バンとクロールによれば、同定できる大型の哺乳類の骨が約3500個、同定できる小型の哺乳類の骨が1万6000個、同定できない骨の破片（数センチメートルからそれ以下のもの）が4万408個あったという。

ビンフォードたちの論争はホモ・ハビリスの食性についてであり、アウストラロピテクス属の主食ではない。したがって、歯の構造から初期人類のニッチを解き明かそうという試みには、この論争は華やかではあるが、役にたたない。ただ、ヒト属がアウストラロピテクス属と同居している時代、200万年前から後の東アフリカでは、初期人類の近縁のふたつの属がどのようにニッチを分けていたのかを考えるうえで、ひじょうに参考になる。ふたつのグループの論争は、その時代の東アフリカには石器をもったヒト属がいて、哺乳類の骨に傷をつけるほど、骨あるいはそこについている肉に執着していたことを事実として確定している。

h　フレデリック・スザレイのスカベンジャー仮説

スカベンジャー仮説は、狩猟仮説が種子食仮説の波をくぐったのちによみがえったものといってもよく、当時脚光を浴びた種子食仮説への反論が大きな割合を占めている。とくに人類とゲラダヒヒとの歯の形の類似点について、アメリカ自然史博物館のスザレイは専門家として詳しく点検している。スザレイが注目するのは、臼歯ではなく、切歯・犬歯連合である。

「人類の犬歯が小さくなったのは、犬歯が切歯のような形になって切歯・犬歯連合として特別な咀嚼が行われたと説明するほうが、合理的である。犬歯が小さくなったのは機能喪失ではなく、新しい機能が生まれたのだ。人類学者グレゴリーは、ハイデルベルク人（ホモ・エレクトゥス）の古典的な研究のなかで『切歯の先が磨滅しているのは、上下の切歯を噛みあわせて肉を骨から引き剝がしたためであろう。頑丈な臼歯とあごは肉を噛み、骨を砕くことができただろう』と言っている。同じことが初期人類にもいえる。

大型肉食獣がのこした死体から肉をとるために効率的な道具がない段階では、歯によって肉を噛み取ることがぜひとも必要だった。このためには類人猿的な大きな犬歯は邪魔になっただろう。厚いエナメル質は骨や関節を食べるときの磨滅を防ぐために、また長く歯を使えるという淘汰《とうた》上の利点があった(91)」

初期人類の犬歯が小さくなったことを、積極的にとらえようというアイデアは素晴らしい。

ハイデルベルク人などのホモ・エレクトゥスでは、たしかに頑丈な切歯が上下でしっかり噛みしめられるように配列され、その歯はこれまた頑丈なあごの骨に支えられている。それは肉を骨から引き剝がすのに重要な役割を果たしただろう。

しかし、肉を噛み取る機能から言えば、いかに初期人類の歯が丈夫でも、食肉目の大型の犬歯や鋭い切歯や裂肉歯（臼歯）にはかなわない。肉を噛み取るには肉の繊維を切断する刃物のような切れ味が必要なので、人類の切歯のように平らな噛みあわせ面をもっている歯は、噛み切る効率は悪い。ニホンザルは人間の切歯と同じ形の歯をもっているので、犬歯の小さなメスに噛まれてもこちらの指には歯形がつく程度だが、それより小型のタヌキに噛まれると（誰が噛まれたかは別にして）ナイフで切ったと同じ切り傷になる。

また、肉を手に入れるためには、すでにニッチを占めている大型、中型の肉食獣と競争しなくてはならない。狩猟も残肉処理もニッチとしては、草原を支配しているライオンやハイエナなどの中型、大型の肉食獣との競合があるはずだが、これらの仮説提唱者にはその点の考慮は見られない。

スカベンジャー仮説は、いずれにしても肉食に重点があり、そのことが他の肉食獣との競合の問題を引き起こしている。この点で「現生狩猟民ほどの本格的武器もないアウストラロピセサイン[106]が敢えて肉食獣との食物の競合の危険性に挑戦したとは考え難い」という渡辺仁さんの見解は健全だと思う。渡辺仁さんはスカベンジャーを「獲物の掠め取り」とよび、カラハリ砂漠のブッシュマンの例を詳細に紹介されているが、「これは新鮮な獲物を食べているライオンに遭遇した時に、それに突撃しライオンを追いはらってその肉を奪う方法である」。これが危険であることは、言うをまたない。

こうして、最後の仮説にたどりつく。ボーン・ハンティング（骨猟）である。

i　B・E・ポルシュネフ＝ボーン・ハンティング（骨猟）仮説

「Porshnev は〝ボーン・ハンティング〟（bone-hunting）仮説を提出した。これはほとんど無視されてきたが、まったくユニークでしかも矛盾がなく適切な見解であって筆者はこれに賛成である。筆者は狩猟採集民と霊長類に関する事実から、〝骨あさり〟が大型獣猟に先行した可能性を考えている」、「アウストラロピセサイン関係遺跡の大型獣成獣の遺残の解釈については、上述の Porshnev の〝骨あさり〟説が、既存例としては最も妥当にみえる」（渡辺、前掲書）(106)

ポルシュネフ（B. E. Porshnev）の論文は、アメリカの人類学専門誌『カレント・アンソロポロジー』のアイデアの紹介欄に掲載された。この論文を読むと、これを評価した渡辺仁さんのすごさがわかる。この論文は何かとても長い論文か、書物の一部という感じで、人類の定義をリンネにもどって議論し、トログロダイト科（原人科？）をアウストラロピテクスからネアンデルタールまでを含めた特別の科として設定することを主張する茫漠《ぼうばく》としたもので、ボーン・ハンティングについては書かれていない。論文に付属する彼の同僚の解説によって、ポルシュネフの人類進化についての独自の考えかたがようやくわかるというものである。(113) 彼らは言う。

「人類の化石と多くの動物の割れた骨がいっしょに発見されたときに、正統派の説明はこのヒト科の動物は狩猟者だったというものだが、ポルシュネフの説明はこうだ。『彼らは骨の猟師だった。肉食獣の捨ててしまった骨を集めていたのである。誰もが知るとおり、肉食獣は腹いっぱいのときがもっとも安全である。ヒト科動物は、彼らが危険な夕方や夜ではなく、昼間に活動していたのである』。

初期人類が鮮新世の植生の変化によって、新しい食物を探さなくてはならなくなったとき、骨や頭蓋骨は貝や堅果と同じように、割れば食べることができるもので、ヒト科動物の祖先にもなじみがあった。ゴードン・ヒューズ(G. W. Hews)の食物運搬仮説は、ポルシュネフの仮説にもっとも近い。どちらも集めた食物を運ぶために直立二足歩行が発達したというのである。その相違はボーン・ハンティングか、スカベンジャーかというちがいである。ヒューズは言っている。『直立姿勢は両手を自由にし、それをあたかも第二のあごとする。こうして新しい食物採食様式とニッチを開くのである』と。

自由になった手で石を使って骨を割り、脳や骨髄を取り出す過程は数百万年にわたって続き、ヒト科動物はそのあいだに、石が骨を割るだけでなく、骨についた肉を削り取ったり、肉を刻むことに有用であると、学習しただろう」(Porshnev, 1974 に付属する Reply by Bayanov, D.

and I. Bourtsev, p.453)

「ボーン・ハンティング仮説はきわめて多くの発掘データの実例によって支持されている」と、渡辺仁さんも言う。実際、アウストラロピテクスが発掘された遺跡からは、必ず破壊された骨が見つかっている。

しかし、この仮説はその後まったく顧みられなかった。渡辺仁さんでさえ最終的には掘り棒仮説にもどり、ボーン・ハンティング（骨猟）を自分の仮説にとりこまなかった。なぜだろうか？ボーン・ハンティングは人類の食事としては、常識からはどうしても納得できないだろう。骨を噛む祖先をイメージすることはおぞましいから、この仮説が受け入れられなかった理由はわかる気がする。また、骨は現代の栄養学の常識では食物として認められていない。スペアリブの栄養分析では、「骨などを除いた可食部」と記載されているくらいである。スカベンジャー仮説でも、骨を食べるのではなく、骨を割って骨髄を食べるのだと明言して、骨そのものを食べることは想定していない。だが、ここに隠された謎を解く鍵がある。

8　骨は主食になりうるのか？

「骨はどうも」という先入観を拭い去って、公平にこの問題を解き明かそうとすれば、

一　ボーン・ハンティングがニッチを生み出すほど、放棄された骨の量があるのかどうか？

二　肉食獣との競合から見たとき、サバンナで骨がそれほど手に入れやすいものなのか？

三　骨自体に十分な栄養があるのか？
四　骨を口に入れるほどに砕く道具があったのか？
五　骨をすり潰して栄養にする歯とあごの構造が、人類にはあるか？
という難問をクリアしなくてはならない。

ニッチを形成できるほどの骨の量が、サバンナにあるのだろうか？

ケニアのアンボセリ国立公園は、180万年前のオルドバイ渓谷（アウストラロピテクスなどの発掘で有名）の環境に似ているとされている。この国立公園で、沼地や草原や林などの6つの環境に分けた調査地域のそれぞれの東西南北に500メートルから1キロメートルの幅で直線を引き、四輪駆動車が走れる場所ではその上から、沼地や林のなかなどの車が動けない場所では歩いて、骨の集まった場所を調べた研究者たちがいる。それによると、1平方キロメートルあたりの骨の集積場所は、沼地で6210カ所、灌木の林で1040カ所、各植生の平均では2290カ所だった[114]。新しいものも古いものも混じっているとしても、驚くほどの量である。

私もケニアのマサイマラ動物保護区で、そこここに放置されたシマウマやヌーの骨格を見た。ライオンが食べ、ハイエナが横取りし、ハゲワシが残りをあさっても、頭と大きな骨は毛皮や少しの肉といっしょに残っている。アフリカのサバンナでは、ボーン・ハンティングは十分成り立つ生業なのである。

肉食獣との競合は避けられるのか？

ボーン・ハンティングの対象は大型肉食獣が食べてしまった残り物である。倒した獲物を横取りしようとする「掠め取り」ではないし、アウストラロピテクスたちは（骨猟者だとすれば）肉に執着しているわけではないので、ライオンたちが満腹したあとに骨を拾い集めればいい。また、大型獣が狩りをする夜や明け方や夕方を避けて、日中に活動したのだとすれば、危険の大部分は避けることができただろう。こうして、ライオンと競りあうハイエナたちとはちがって、競合のない安定したニッチがボーン・ハンティングにはある。

骨には十分な栄養があるのか？

初期人類の主食についてのこれまでのあらゆる仮説は、肉を重視するか、骨というと骨髄のなかの脂肪を食べると考えていた。たとえばミシガン大学人類博物館のジョン・スペスは「食物が乏しくなる乾季には、骨髄の脂肪は非常に大切な食糧になっただろう」と初期人類の食物について推測している[115]。火による調理ができなかった初期人類には、骨髄以外の、骨の海綿状組織のなかに含まれる脂肪を取り出す方法がなかったという指摘もある。肉、とくにアフリカの野生動物の肉は、脂肪がほとんどなく、人類が必要とした高いカロリーの食物としては適当ではなかったという。スペスによれば、乾季の食糧事情の悪い時期には、アフリカの狩猟採集

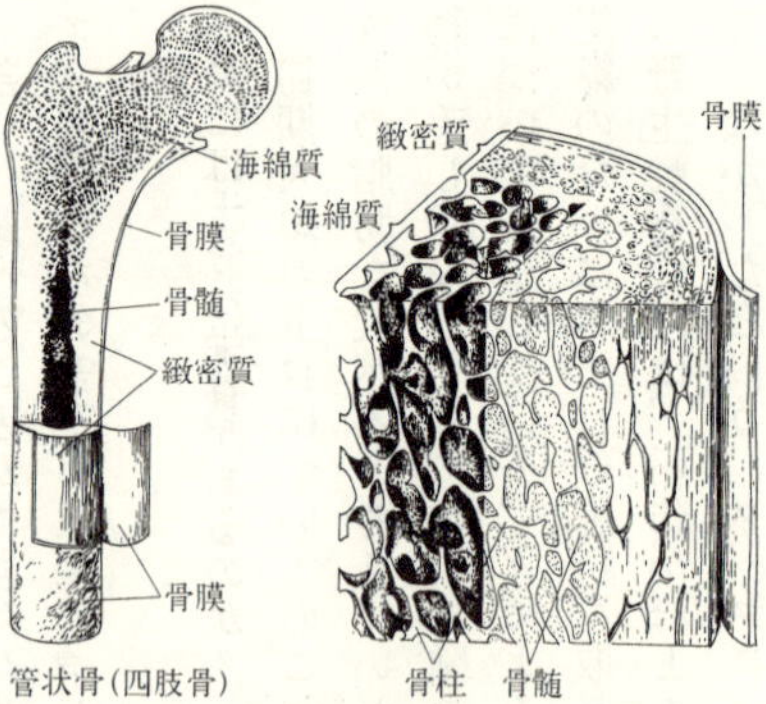

ヒトの骨の構造と骨髄　人の骨は緻密質と海綿質と骨髄からなり，骨膜によって包まれている。骨髄は四肢骨のような管状骨では骨の中心にまとまっているが，緻密質や海綿質の骨柱のなかにもある

民のクン族やハザ族は骨を集めて煮て、浮いてくる脂肪を食糧にする。初期人類はそのような方策をもたなかったので、高いカロリーを得るためには植物、とくに地中の根を食べたのだろうという。(102)

このように骨の栄養と言えば骨髄の脂肪と考えるのが、通説だった。「骨自体には栄養がない」、「骨から栄養を取り出すことはできない」、「骨を食べることはできない」とはじめから決めているので、それ以外の解決策を初期人類の主食に考えるということになっていた。だが、問題の焦点はここにある。骨と骨髄は別のものではない。骨は、骨膜に包まれた表面のすぐ下に緻密質があり、その内側に海綿質がある。手足の長い骨などの管状骨ではその中心の空洞（髄腔《ずいくう》）に骨髄がある。骨髄は髄腔のなかだけではなく、海綿質の骨柱《こっちゅう》のあいだにも満たされていて、血液を造っている。血液を造る作用を失ったものが脂肪になる。つまり、骨髄は骨の構造物質なので、骨を煮て脂肪だけを取り出すならともかく、食物としては骨と骨髄を分けることは現実的ではない。

各種の骨の豚肩肉との栄養比較

（100グラムあたり）

	牛　骨	豚　骨	鶏　骨	豚肩肉
たんぱく質	19.7%	22.3%	15.6%	17.5%
脂　質	18.1%	21.6%	15.4%	15.1%
エネルギー	255.3kcal	297.4kcal	210.7kcal	217.0kcal
カルシウム	7800mg	5600mg	1900mg	5mg
鉄	8.6mg	5.5mg	5.1mg	1.3mg

（引用文献116より）

じつは、骨には十分な栄養がある。それもなまじの肉よりもはるかに優れた食材なのである。それを実証することができる。

私が座右の書にしている『四訂日本食品標準成分表』（科学技術庁資源調査会編）には、骨の栄養分析の結果はない。他の栄養学の本も同じで、骨はふつうには食物ではない。しかし、先賢はここにもいて、骨を食糧として利用する目的で富山県食品研究所は骨の栄養分析をしていた[116]。分析した対象は骨そのものではなくて、「一般的な事業所サイドにおいて、枝肉より除骨された付着肉を含んだ骨」である、と言う。この状態は肉食獣が食べ残した骨に近いものだから、これを資料として使って問題はないだろう（上表）。

牛骨、豚骨、鶏骨のたんぱく質割合とエネルギーは豚肩肉にひけをとらず、脂質はいずれも豚肩肉より高かった。むろん、カルシウム、リン、マグネシウム、ナトリウム、鉄などの無機成分は豚肩肉とくらべられないほど高く、比率的にはもっとも低い鉄でさえ、豚肩肉をはるかに上回っていた。鉄分が多いといわれるホウレンソウでも100グラムあたり3・7ミリグラムでしかないことを考えると、骨がいかに栄養的に優れているか、納得できる。これを食物にしない手はない。

現代でも骨を食べる人はいるし、骨つきの肉はおいしい。骨つき肉からはいい味が出るが、それはむろん骨の味である。

骨を砕く道具があるのか?

そうなると、骨を食物にする手段が問題になる。大型の肉食獣でさえ見捨てた骨は、そうとうに大きなものが多いと考えてもいいから、それを口に入るほどに割る道具が必要である。それが、人類の手である。

その手の基本的な機能は、その手のもっともリラックスした形がつくる空間に入る物体を考えればよい。親指と人差し指でつくられる空間は、小指にかけて広がっている。その空間にぴったり入るのは、下に向かって大きくなる石である。これを下に向けて叩きつければ、親指と人差し指を止め金として石が跳ね上がるのを押しとどめるために、石をしっかり握りしめることになる。

人類の親指が太いのには、こういうわけがある。それは他の指群に対向するただ1本の指として、力をこめて握る指である。アイアイが堅いラミーの種子を強力な歯で削るために果実をしっかりと握りこむために親指が太くなるのと同じで、「握りしめタイプ」の力のかかりかたを示している。これはチンパンジーのような「ひっかけタイプ」の指とはまったく異なる構造なのである。

初期人類以来、人類の手の親指は太くなっていたが（アファレンシスではゴリラ程度とはいっても）、それは主食である骨を割るために石（石器でないとしても）を握りしめる必要があったからである。

人類の歯は骨をすり潰すことができるだろうか？

最後に残るのは、骨を消化するだけの口が人類にはあるのか、という問題である。骨の栄養分析を行った菅野三郎さんも「肉とまぜないとざらつく感じが残る」という。しかし、それは機械ですり潰した結果であり、人間の口ですり潰せばそういうことはない。私はそれを知っている。

ある日、イヌにやろうと残しておいたウシの肋骨《ろっこつ》を眺めていた。そして、骨を食べる実験を思い立った。まず、その骨をまな板の上で包丁の背で叩いてみた。軽く叩いたくらいでは骨は砕けない。ウシの骨は肋骨でさえ、それほどに堅い。これほど堅いものを歯で砕くのは無理だろうと、一瞬ひるむ。もういちど、そしてもういちど、包丁で骨を叩く。骨の端がわずかに欠けたので、それを口に入れた。堅くて嚙めない。「やはり、無理か」と思う。しかし、たぶん最初にこれを食べようと思った初期の人類は、その困難を押し切るだけのせっぱつまった事情があったはずだ。アウストラロピテクス属の強大なあごと巨大な臼歯は、やわな現代人の躊躇《ちゆうちょ》を超越する道具だったはずだ。そう思って、また嚙みしめる。わずかに骨がこぼれる。いったんこぼれはじめると、歯で骨を崩す要領がわかる。これが、種子食でジョリーが言っていた「弱い部分を探し出す」という口の働きなのだ。あせらずにゆっくり、歯のあいだで骨のかけらをころがしていけばよい。そして、臼歯で前後左右にすり潰すことで、あれほど堅い骨とそのなかの骨髄は残りなく呑みこめるほどにやわらかな糊状になった。

これは食べられる。骨髄だけではない。骨そのものも十分食べられるし、私は食べた。もしも、塩味でもつけていたら、文句なくうまかっただろう。親指ほどの骨のかけらなら、数分で糊状にでき、呑みこむことができる。

人類は他の霊長類には見られない平らな歯列をもつことで、下顎を前後左右上下に回転させて骨をすり潰すことができる。この運動を根気よく続けると、骨は食物になる。

「口と手連合仮説」は、初期人類の主食を指し示す

アウストラロピテクス属から派生したパラントロプス属のボイセイやロブストゥスは現生人類よりも小柄だけれど、その小臼歯と大臼歯の領域はゴリラよりも大きく、ボイセイよりもさらに小柄なアファレンシスでも、現生の類人猿、人類の体重から予想される臼歯の2・8倍も大きい[117]。アウストラロピテクス属の臼歯は大きさを除けば、現生人類の歯と同じ形であり、その咬頭は丸い。アウストラロピテクス属の頑丈なあごと大きな臼歯は、ひじょうに強い力で効率よく骨をすり潰すための道具である。この臼歯は、臼とよばれるとおりの働きに必要なのだ。

骨髄の脂肪を主食と考えるスカベンジャー説では、この厚いエナメル質をかぶった平らな表面の強大な臼歯の意味を説明できない。脂肪のようなやわらかい食物には、アイアイ型の小さな臼歯で十分である。

初期人類の手と歯は、骨を主食にするために必要不可欠の条件をすべて満たしている。どんな大きな骨でも砕くことができる石を握りしめる大きな親指のある手と、硬度4の骨を砕いてすり潰すことのできる硬度7(水晶と同じ硬さ!)のエナメル質に厚く覆われた歯によって前後左右上下のすり潰し運動を可能にした平らな歯列こそが、初期人類の主食である骨を開発した道具セットである。

ここでも手と口が、つまり指の形と歯の形が主食を決定している。

では、この主食と直立二足歩行とはどういう関係にあるのだろうか?

第8章　直立二足歩行の起原

タンザニア北部のラエトリには、初期人類の有名な足跡が残されているが、ティム・ホワイトと諏訪元さんはひじょうに綿密な研究ののちに、その足跡がアウストラロピテクス・アファレンシスのものだと結論した(118)。身長1〜1・39メートルのアウストラロピテクス・アファレンシスが、歩幅62〜94センチメートル、時速1・5〜2・5キロメートルのゆっくりとした足どりで、そのしめった平原を歩いていたことになる(119)。

アイアイは手のひらの付け根を地面につけ、その長い中指を地面から離して四足で歩く。これはむろん、ラミーという主食を食べるために中指を特別な用途に使うからである。チンパンジーのナックル・ウォーキングは、ツルに覆われた密林で主食の果実を採食するための特別な指の形のためだった。そこでは、「口と手連合仮説」が移動のやりかたを説明していた。では、初期人類の生態と特別な歯と手から推測された骨という主食から、直立二足歩行の起原を説明できるだろうか？

1　直立二足歩行の起原についての諸仮説

直立二足歩行の起原は人類学の永遠の課題であり、人類学者の数と同じだけの仮説が提出されている。なにしろ、自分自身の起原がかかっている。力が入る。その一般的な説明を、東京大学の木村賛さんはつぎのようにする。[120]

「説得力のある考え方は、森林地帯からサバンナやステップの草原地帯へと、気候の変化も伴って行動領域が拡大したことに関係するというものである。草原においてこそ、遠くをみはらすにしても、敵をおどすにしても直立する必要が多く生じる。またなによりも樹上ではどうしても移動のために必要な上肢を、草原では用いなくてもすむ」

草原へ進出したサルたちの多くが、ヒヒであれ、マカクであれ、ゲラダヒヒであれ、パタスであれ、みな四足であるという

ラエトリの足跡　アウストラロピテクス・アファレンシスの歩いた足跡は，しっかりした直立二足歩行のまぎれもない証拠である（John Reader/Science Photo Library/PPS）

事実を考えにいれなければ、この説は説得力をもつだろう。だが、現在草原にすむサルたちの全部が全部、四足で移動していることを考えると、草原では上肢を使わなくてすむというこの説得方法はすぐにゆきづまる。だから同じ著者は、すぐに言い直す。「このように適応したヒトとサルとのロコモーションとのあいだの間隙《かんげき》は大きく、今なお充分説得力のある説は完成されていない」と。

人類の謎を解明しようとする若者を奮い立たせないために有効なもうひとつの方向は、直立二足歩行なんてたいしたことじゃないと、その意味を過小評価することである。そうした学者ふうの議論が「世界をちょっと冷たくする」。マダガスカルの原猿類についてまとめたことのあるニューヨークの自然史博物館のイアン・タッタソールは、他人の論文をそういうふうに引用する。「ロッドマンとマクヘンリーに言わせれば、ヒト上科式の四足歩行から二足歩行を説明するためには、こみいった行動上の利点を引きあいに出す必要もなかった。その理由は単に、そもそも移行自体がエネルギー的に道理にかなっているからだという[121]」。しかし、これでは、四足から二足歩行という道理にかなわない移動様式へなぜ移行したのかという道理を、まったく説明していない。

人類学者は自分の起原に関することだから、原論文では精一杯の思考を展開している。そこでは理由もあげずに「単に道理にかなっている」方式の説明をしたものは右の2人以外にはいない。ちょっと見ただけであきらかに論理的に破綻《はたん》していると思われる仮説も、可能性がある限り大真面目に議論してきた。それまでに集めることができた、限られた事実と論理をたよりに人類の起原についての仮説をたてるということでは、今も昔もかわりはない。かつての科学者たちもそのときにできる最高のことを成しとげ、あるいは不可能とされたこともやりぬいて仮説をたてている。その仕事を読み返して、今ではなぜ反論できるのか、今でもなお正しいと思われるのはなぜか、を検討するのは意味がないことではない。

それらの仮説のなかでも最近話題になり、今も「単に道理にかなっている」方式の論者に受け入れられている仮説を、まず取り上げよう。イギリスの生理学者ピート・ホイーラーによる「体温調節仮説」である。

a　P・E・ホイーラー＝体温調節仮説

私はこの刺激的な仮説があることをマダガスカルで、1カ月遅れの新聞紙上で知った。この論文の内容を新聞で読んだときには、私はすなおにノーベル賞クラスの発想だと思った。多くの学者たちのどの仮説もこみいった議論になっていることにくらべると、地表からの温度差だけで人類の直立と裸体化が説明できるのなら、それはもっとも簡単な、それだけにほんものの仮説だと感じられた。私が日本にもどったとき、ただちに彼の論文すべてを探し出そうとしたことは理解していただけるだろう。

ホイーラー（P. E. Wheeler）は1984年以来、ほとんど同じ主張の論文を『ジャーナル・

オブ・ヒューマン・エヴォリューション（人類進化誌）』に投稿しつづけ、この説について解説論文が載るほどになった[122、123]。その題名は、「直立二足歩行と体毛の脱落」（1984）、「体毛の脱落」（1985）、「大脳の選択的冷却」（1990）、「直立二足歩行の熱調節の利点」（1991a）、「直立二足歩行がエネルギーと水摂取へおよぼす影響」（1991b）、「体毛の脱落がエネルギーと水摂取へおよぼす影響」（1992a）、「大型の体の熱調節上の利点」（1992b）、「体型によるエネルギーと水摂取へおよぼす影響」（1993）、「熱蓄積と日陰探しの熱調節上の利点」（1994）となっている。しかし、その後、2001年まで『人類進化誌』には彼の論文はまったく載っていない。

ホイーラーの仮説では体重35キログラム、身長125センチメートル、1日の水要求量1・3〜1・5リットルの動物が主役である。また、その動物の体温調節は、大脳の冷却に焦点をあわせなくてはならない。なぜなら、人類では大脳の温度が4度上昇しても大脳の機能は致命的な障害を受けるからである。彼の仮説では初期人類が直立すれば大脳を冷やすことができることを証明する、とホイーラーは語る。では、聞いてみよう。

大脳の冷却

多くの哺乳類は大脳の温度上昇を防ぐために、鼻孔の静脈の網の目を使っている。まず長い鼻づらのなかの鼻腔で水分を蒸発させて熱を逃がし、そこに広がっている静脈の温度を下げる。

脳に行く動脈は鼻腔の奥でこの冷やされた静脈の網の目を通りすぎるので、そのときに熱を交換して動脈の血液の温度を下げる。しかし人間を含めて霊長類には、この静脈の網の目がない。「（冷却装置を鼻にもっていない人類が）炎天下にさえぎるものがない平原に出なくてはならないとしたら、大脳の温度上昇をどうやって防ぐかが、問題になる。……そのためには裸が必要になる。裸になることで熱の伝導が高くなるし、皮膚からの蒸発によって熱の発散が高まる」（1984年論文）

説明ぬきで裸がいいというのは、いかにも唐突である。そのうえ裸になるといくつもの問題をかかえることになる。サバンナでの夜間の冷えこみは想像以上で、毛皮は温度調節には欠かせない。「夜間には体表温度は27・5度、体の中心部の温度も35度にまで下がる」（1994年論文）とホイーラー自身もいう。裸にはさらに問題がある。

「裸のもっとも大きな問題は、直射日光に弱いことである。毛は日光の有害な影響にたいして楯《たて》となる。それは日光を反射し、再放射して高熱が皮膚に届くのを防ぐ。メラニン色素は有害な紫外線を防ぐが、光の反射率を下げるので、結局熱を吸収することになる。これがサバンナの動物に裸のものがいない理由である」（1984年論文）

たしかに、毛皮は熱をさえぎる素材としては有効で、哺乳類の背中の毛皮は、摂氏80度の熱射にも耐える。私のイヌはストーブのそばであたたまっていて、毛が焦げても眠っていた。しかし、サバンナの動物に裸の種がいない、というのは認識不足である。サバンナのアフリカゾウにもサイにもカバにも毛がない。

ともあれ、ホイーラーによれば初期人類は裸になったために有害な影響を受けたが、それを軽減する方法こそ二足直立だった、と言う。「裸体化のもつこのような矛盾を克服するのは、人類の二足直立というユニークな形であった」。それは太陽の角度と姿勢の関係からみちびかれる（らしい）。

彼は太陽の角度と日光にあたる面積を、二足直立と四足の両方の体で比較する。これはのちのちの論文にまで延々と引用されるほど、彼が執着したアイデアである。

「太陽が低いときには、直立姿勢のほうが四足姿勢より日光にあたる面積は広いが、太陽の角度が40度をこすと四足より直立姿勢のほうが日光にあたる面積は小さくなり、太陽が真上にくると直立姿勢では体表面積のわずか7パーセントが日光にさらされるだけである」（1984年論文）

こうして、仮説は地表からの高さや風速とはまったく関係なく、直立すると太陽光線の直射にさらされる割合が少なくなる、という点にしぼられてくる。これでどうやって大脳は冷却されるのか。これでどうして裸体化が促進されるのか。

ホイーラーの議論をまとめると、これらの疑問への答えはつぎのようになる。

「初期の人類は二足で立ち上がった。これによって真昼の直射日光を浴びる面積が減った。だから、裸になった。すると体表からの水分の蒸発が多くなって頭がすずしくなった。そこでサバンナで活動できるようになった」。こうして完璧な説明ができあがる。しかし、提案者だけが納得するような説明である。

なぜ、まず二足で立ち上がったのだろう。なぜ、真昼の直射日光をわざわざ浴びて生活したのだろう。真昼の直射日光を避けるのに肩にも毛をはやすとか、日陰を探すとか、夕方動くとか、どうしてそういうことをしなかったのだろう。サバンナは乾燥しているのに、どうして水分を多く蒸発させる方法が生きるためによかったのだろうか。

ホイーラーの仮説を骨格だけにしてみると、すなおな疑問がたちまち湧いてくる。ホイーラーが延々と出しつづけている論文は、こういう疑問への回答というより弁解になっている。だから、のちの論文では時間帯の使いわけとか、水分補給とか、体の大型化とかがテーマになる。日光を避けるという問題だけなら、他の動物たちはもっとましな方法をとっている。まったく日陰のない草原というものは想像の世界にしかないが、それを認めてもなお、太陽があがりきったときにしか有効でない姿勢をわざわざ選ぶ生き物がいるだろうか。たしかにこの議論はユニークだ。ユニークなことはとても重要だ。しかし、論理が一貫しないユニークさは……。

直立すれば頭を冷やすことができるか

「2メートルの高さでの最高温度は14時の39度であり、草原の地表の最高温度は13時の45度である。……より風が速ければ、対流による冷却は大きく、(熱による蒸発は少なくなるので飲む)

水は少なくてすむ」（1994年論文）とホイーラーは言う。飲み水のことはさておき、「対流による冷却」、これが彼の仮説の核心である。つまり、温度は地表から離れるほど低くなるので、立ち上がるほうが熱調節のうえで有利だという。だから、人類はサバンナのような開放地に進出したときに立ち上がったのだ、と。しかし、この仮説を証明しようとすれば、それが事実であることを示さなければならない。

四足で地表から50センチメートル、二足で立ち上がって125センチメートル。それがホイーラーの仮定するこの動物の頭の位置である。50センチメートルと125センチメートルの差で風速や気温に差がでるものかどうか、そこが問題だ。もしも50センチメートルと125センチメートルという常識的には問題にもならない高さのちがいが、じつはとんでもないちがいだったというのなら、それこそが発見なのだ。そこを私は聞きたい。科学者の目のつけどころが斬新かどうか、そしてその切り口からあきらかにされた事実は常識をくつがえすのかどうか。そこだ、問題は。

しかし、この1994年の論文ではホイーラーはこの高さについては何も言わずに、2メートルと地表をくらべる。そこでは少しはちがいがあるという。しかしなぜ、アウストラロピテクスの頭の高さではなく、2メートルなのだろう。その対照がなぜ、地表なのだろう。

じつは1991年の論文で、ホイーラーはとっくにこの問題を検討していた。日中の毎時刻の地表からの温度を、地表、四足の頭の位置、二足の頭の位置、そして2メートルの高さの4

点で調べていた。その結果は、日中の最高気温は地表で45度、2メートルの高さで39度に達するが、四足と二足の頭の高さの双方では真昼の最高気温は42度前後でほとんど変わらず、まして他の時刻ではまったく変わらなかった。だから、ホイーラーは2メートルと地表についてしか1994年論文では語らなかったのである。

ホイーラーの1991年のもうひとつの論文では、地表からの高さ10センチメートルきざみでの四足と二足の体表面積を計算しているが、この体表面積の中心は四足で地上43センチメートル、二足で地上63センチメートルとなった。20センチメートルのちがいで温度と風速のちがいが起こるわけもなく、ましてそれが動物の生存に影響をあたえるわけもない。

結局、直立姿勢は裸になろうがなるまいが、脳の冷却にはなんの関係もなかったのである。ホイーラーはまた、二足歩行についてはまったく説明できず、人類の直立二足歩行を簡単な物理的事実で説明する野心的な試みは、完全に失敗に終わった。

b　レイモンド・ダート＝武器使用仮説

狩猟・肉食仮説の提唱者レイモンド・ダートは、同時に骨歯角文化を提唱した武器使用による直立二足歩行論者でもある。ダートは南アフリカ、マカパンスガットの洞窟で発掘した骨をアウストラロピテクスが武器に使ったと信じ、それができたからには、直立二足歩行もできたと結論する。(86)

しかし、これはもしもアウストラロピテクスが他の動物の角や骨や歯を武器としてそのように使ったとしたら、という仮定のもとで成り立つ話である。彼の原論文の具体的なデータからは矛盾が見えるだけで、アウストラロピテクスが恒常的に武器を使った形跡は見えない。

c ロジャー・ウェスコット＝威嚇仮説

人類学の解説書には、いつも直立姿勢の威嚇《いかく》の効用という話が載っている。アメリカ人人類学者ウェスコット（R. W. Wescott）は、その元祖である。(124) その論文は、『アメリカン・アンソロポロジスト』誌に掲載された半ページのごく短いもので、論文というより思いつきの簡単なまとめという性格のものだった。ほんとうに斬新なアイデアならば、短いか長いかよりもそれだけで価値があり、新しい動物の種の発見に匹敵する。いわば新しい天体とか新しい料理とか、そういうものである。しかし、彼の論文は検討に値するだろうか？

彼の論文は、カーペンターとシャラーによる類人猿の脅し姿勢についての簡単な引用ではじまる。木の上ではテナガザルが、地上ではゴリラがそれぞれ脅しの姿勢として立ち上がる。そして、クマから人類まで、哺乳類では多くの種が立ち上がった姿勢をとって相手を脅す。

「敵対する意志表示だけが人類の立ち上がった原因ではなく、道具を運んだり、獲物を移動させたりすることも四足を放棄する要因ではあっただろうが、それでも私は威嚇姿勢が重要だと言いたいのである」

このウェスコットの仮説については、クリフォード・ジョリーが適切に批判している。「ウェスコットの仮説では、二足で立って威嚇をするゴリラが二足歩行にはならなかったわけを説明できないし、また最初の威嚇姿勢とつぎの威嚇姿勢のあいだも立っていなければならない理由も、あきらかにできない。いくらサバンナの生活が危険に満ちているといっても、年がら年中威嚇しどおしの生活を考えるのは不自然である(88)」と。

サバンナの捕食者、体重200キログラムになる強力なライオンにたいして、威嚇しようと立ち上がるのはただの無謀であり、「ごちそうさま」とライオンに言われるのが関の山である。ウェスコットはサバンナでライオンに会ったことがあるのだろうか？

d　ゴードン・ヒューズ＝食物運搬仮説

アメリカ人人類学者ヒューズの食物運搬仮説は、ウェスコットの論文とは対照的に序文のための引用文献だけでも、ヘッケル、エンゲルス、ダーウィン、フロイトからダートに至るほどの大論文である(125)。彼の仮説は「人類の祖先は新たに獲得した新しい食物を運ばなくてはならなかったが、それは直立二足歩行によって可能になった」とまとめられる。彼の仮説に今なお一定の評価をあたえられるのは、それがジョリーと同じく、初期人類のニッチを、そして主食と人類の形、とくに肉食に適しない歯の形の矛盾を解明しようとしている点である。

直立二足歩行の原因として武器の使用仮説は、当時もっとも有力な仮説のひとつだったから、まずそれへの反論が行われる。それには「道具使用仮説」の関門を通過しなくてはならない。「じつにダーウィン以来、〝手を自由にすること〟が、人類が直立した原因だといわれてきた。ウォッシュバーンは私の食物運搬仮説に反対して、ダーウィン以来の〝道具使用仮説〟にしがみついている。しかし、彼は軽い棒を運ぶことのむつかしさを誇張しすぎている。それは直立二足歩行でなければできないことではない。類人猿は3本足ででも、口にくわえてでも、棒を長い距離、疲れもせずに運べるのである」

「道具を使う現場を考えてもみよ」と、ヒューズは言う。「道具はほとんど坐って使う。私の調べたところでは現代人でさえ道具を使うときには、8割までは坐っている。さらにオーストラリア原住民は、掘り棒を坐って使っている」

たしかに、人類は武器を使うときにはいつも立っている。だが、「効果的な武器がうまれたのは、考古学的にはずっと後の時代のことであり、現代の狩猟民さえ大型獣の狩猟には何日もかかっているのに、立ち上がったばかりの類人猿が、そう上手に狩猟ができたとは思えない」。

このように武器使用仮説を批判したうえで、ヒューズは食物を運ぶためになぜ直立二足歩行が必要なのかを説明する。食物はその場で食べてしまえばよいのに、なぜ運ぶのか。彼は独創的な見解を表明する。

「それは霊長類の歯が、肉の固い腱や骨を砕くようにはできていないからである」

彼はブタオザルを使って、ウシの肉を食べさせてみた。ブタオザルは生肉を食べてしまうまでに、８～10時間もかかったという。この事実から、霊長類が肉を食べるためには時間がかかるので、危険が多いその場にとどまるよりも、安全な他の場所に食物を運ぶほうがよいと、ヒューーズは考えた。こうして、初期人類が開けた場所で肉食をしたとすれば、安全な場所へ食物を運ぶことが必要で、このために二足歩行がはじまったというのである。

１９６１年にこの仮説が発表されたのちに、チンパンジーやアカゲザルやニホンザルで、食物を二足で歩いて運ぶことが観察され、ヒューーズは食物運搬仮説が証明されたと考えた。

しかし、この仮説はいくつかの難点をもっている。

第一、サルが二足歩行で食物を運ぶのは、特殊な例外である。幸島《こうじま》（宮崎県串間《くしま》市）のニホンザルが両手にサツマイモやムギをもって歩くという事実が、ヒューーズを狂喜させたことは理解できる。仮説は予言でもあり、予言ののちに実証されることこそ仮説提示者の喜びである。しかし、食物を手にもって運ぶことは、幸島のように人がありあまる餌を撒《ま》くというごく特殊な人為的な状態で起こることにすぎない。サルにとって食物を運ぶもっとも単純な方法は、口にくわえることである。四足の動物は、わざわざ両手で食物を運ぶ必要はない。ニホンザルは食物をまずほお袋に入れて運ぶ。つぎに口にくわえて運ぶ。さらに片手で運ぶ。両手で運ぶのは、食物が片手にあまる大きなもので、短い距離に限られる。

第二、運搬仮説では、「初期人類は草原で肉を食べる」と仮定するが、そのどこにも二足歩行でなければならない条件はない。草原は危ないので安全なところで肉を食べるために運搬する、という条件をつける。そこではじめて運搬仮説が成立する。たしかに、ヒョウでさえゆっくり食べるために、木の上に獲物を運ぶ。しかし、そのために二足歩行は必要ではない。肉は口にくわえて運べばよい。

第三、肉食をはじめて400万年以上のときがたっても、人類は肉食に適した歯になっていないのは、なぜか？　ヒューズは人類を他の動物たちとはまったく別のもののように考えているが、食物という動物の形に影響を及ぼす重大な要因をあまりに軽く見すぎている。人類の歯は肉食には適していない歯だが、「人類だけは特別なのだ」という奇妙な考えが通用しているのである。

歯に向かない食物を食べて無理をする動物は、決して生きてゆけない。動物の生活について真理といえることがあるなら、動物の体は無理なく生活できるようにうまくできている、ということくらいである。「無理だができた」というようなことは、夢想家の書斎のなかでしか成立しない。

e　渡辺仁＝掘り棒・穴猟仮説

「アウストラロピセサインの道具（掘り棒）運搬問題は単なる運搬能力の問題ではなく、採食（特に狩猟）と防御の活動の一環としての道具（掘り棒）の運搬（携行）の問題として扱わなければならない。この見地からすると、ヒト科の祖先の掘り棒使用（運搬・携行）は十分に直立

2足化の重要要因になりえたというのが筆者の結論である」(106)

この渡辺仁さんの確信は、「ダーウィン以来の歴史をも」つ「道具をヒト化或いは人類の起原の主要因とする見解」を「道具論」の整備によって再構築したことにもとづく。それは「人間の道具系（道具セット）の原型を棒と石の組合せと考える」ところから出発している。「彼ら（ヒト科の祖先）は、既存の道具を改良しただけでなく、動物界に未曾有《みぞう》の、機能的に全く新しい道具としての工具（道具製作用具）を開発した。その確証がアウストラロピセサイン段階に出現した打製石器（礫器《れっき》インダストリー）すなわち刃物である」

アウストラロピテクスの石器は今では否定されているが、道具をもつことが直立二足歩行に結びつくという見解は、ダーウィン以来の伝統的考えかたで、骨食のために石をもつということを考えてみても、この道具運搬仮説は意味をもっている。

しかし、それを掘り棒と石器というセットに求めたのは、行きすぎだったと、私は思う。それは現代の未開民の生活そのもので、それを初期人類、アウストラロピテクス属にあてはめると、その後の人類の歴史には二重の文化、すなわち後期旧石器時代のヒト（現代人）以降の大型獣狩猟（渡辺仁さんは大型獣猟がホモ・エレクトゥス段階ではじまったと考えていたが、私はそう思わない。理由は次ページ）とアウストラロピテクス属以来の掘り棒・穴猟が、現代まで並存したとしなくてはならなくなる。しかし、私は現代人以外はみな、ネアンデルタールまで含めて野生動物だったが、狩猟採集に生きる未開民を含めて、現代人は野生動物ではない、と考えている。その例を中期旧石器時代（ネアンデルタールの時代）の遺跡からでる骨や貝の特徴から見ることができる。
クラシーズ河口遺跡などの南アフリカの海岸遺跡では、中期旧石器時代（最終間氷期の13万年前～11万5000年前から最終氷河期の最後の寒冷期の3万2000年前までのあいだ）から後期旧石器時代（3万2000年前～1万2000年前）の獣の骨がよく保存されている。中期の遺跡からはミナミアフリカオットセイのあらゆる年齢の骨が見つかっているが、後期の遺跡からは乳ばなれ期（生後9カ月）の幼い個体の骨が大多数である。南アフリカではオットセイは10月～1月に出産するが、それから数カ月たったオットセイの乳ばなれの季節には、多くの幼いオットセイが海岸ちかくに寄ってきて簡単に捕獲できるようになる。しかし、中期旧石器時代の人類はオットセイの回遊の季節性を理解しておらず、漂着したオットセイを拾っただけなので、あらゆる年齢のオットセイの骨が遺跡に残された。だが、後期の3万年前以降では、人類（現代型ホモ・サピエンス）はオットセイの回遊の季節性を知り、捕まえやすい幼いオットセイをとるようになったのである。[126]
この事実を見ると、真の狩猟者が現れるのは、現代型ホモ・サピエンスである後期旧石器時代以降のことである。野生動物だったアウストラロピテクスはもちろん、中期旧石器時代のネアンデルタールやホモ・エレクトゥスでさえ効果的な大型獣狩猟者だったはずがない。ゾウやイノシシにたいして、ハンドアックスという手に握りしめられるほどの石器で立ち向かうのは自殺行為である。

野生動物とは何か？　野生動物はその主食を開発することによって、その動物が生きている生物的環境のなかで位置を確定し、つまりニッチを確保している。そのニッチはその自然体系、生態系が変わらないかぎり変わらない。もっと言えば、その動物は自らのすむ生態系のなかで生きつづけることができるような主食を食べ、それに対応した体をもっているからこそ、その生態系を変化させることなく、あたえられた生態系のなかで生きつづけることができるのである。逆に言えば、生態系が変化すれば、その動物は変化を余儀なくされるが、うまく変化できなかった場合は絶滅するだけである。アウストラロピテクス属やホモ・エレクトゥスたちが100万年以上のあいだ、脳容量も外観も、そしてホモ・エレクトゥスではもっている石器もまったく変化しなかったということは、彼らがあたえられた生態系のなかで生きつづける野生動物だったことを示している。

100万年という長いあいだ、自然界のなかで変わらずに供給される食物に対応して形を変え、生きるシステムをつくり上げた動物は、その食物が供給しつづけられるシステムの根本、生態系を変えることはしないし、またできない。だが、現代人と同じ種であるヒトは生態系を簡単に変えてしまう。

南アフリカの洞窟遺跡から出土したカサガイを測ると、中期旧石器時代（11万5000年前）には直径が7センチメートル以上あるが、後期旧石器時代（3万2000年前~1万2000年前）では5〜6センチメートルにすぎない。現在では、このカサガイはまったく利用されていないので中期旧石器時代と同じ大きさに回復している。[126] 後期旧石器時代にはカサガイを過剰に、十分に成長する前に採集したことがわかる。これはあきらかに人類による生態系の攪乱《かくらん》である。

野生動物は生態系攪乱者としては生きてゆけない。だが、ヒト（現代人）は最初から生態系攪乱者として出現している。このことが、ヒトと野生動物との決定的なちがいである。効率的な狩猟採集技術と道具は、人口増加をもたらし生態系を攪乱しつづけてきた。ヒトのこの特徴は、少し前の時代の狩猟採集民ではそれほど目につくものではなかったのかもしれない。あるいは、昔の狩猟採集民は生態系への攪乱を最小限にとどめるタイプの民族だけが残っていたのかもしれない。しかし、彼らの生活技術の効率は、野生動物のそれではまったくなかった。彼らがもっている道具は、たとえ同じような掘り棒をアウストラロピテクスがつくったとしても、その技術は根本的にちがっていた。

狩猟採集民は野生動物ではない。現代まで生き残った狩猟採集民が文化的な創造物、衣類や家や貯蔵食糧を必要としないように見えたとしても、それは彼らがそういう生きかたでも生き残れるほどの熱帯の豊穣な生態系のなかに、しかも少数でいたからにすぎない。

しかし、アウストラロピテクスどころかネアンデルタールに至るまで、ヒト（現代人）に先行する人類は野生動物だった。ヒトよりも大きな脳容量をもったネアンデルタールでさえ、その数十万年の生存期間中、使っている石器に変化はなかったし、海の向こうに見える島に渡ろうとさえしなかった。彼らの食物は、入手しやすいものに限られていたし、季節的な食物の変化に対応しさえしなかった。

この野生動物とヒトとの比較という視点からは「掘り棒・穴猟仮説」の弱点は明瞭である。「掘り棒・穴猟」は野生動物のニッチとしては複雑すぎる。大型の臼歯を発達させたパラントロプス類は、ホモ・エレクトゥスと同時代まで生きていたが、掘り棒をもっていたのならなぜ臼歯をそれほどまで大型化する必要があったのだろうか？　この臼歯は主食である骨のすり潰しの極限、つまり効率的な骨食の極限を証明していると、私には思われる。

掘り棒にたいして、私はより単純な石の使用を選ぶ。主食である骨を砕く道具として簡単に手に入り、効果的で、その後人類史とともに歩んできたもっともなじみ深い道具、石器に至る石を握るための指を人類はその最初からもっていた。

2　道具をもった類人猿は立ち上がる

類人猿はもともと樹上で立ち上がった姿勢で移動をしていたので、地上に降りても二足で立つし、二足で歩行をすることがある。テナガザルたちは長い両手を広げてすたすたと地面を歩くし、ゴリラが胸を叩くときには両足で立ち上がっている。チンパンジーは食物を手にもって歩き、ボノボ（ピグミーチンパンジー）はもっと楽そうに両手にサトウキビをもち、赤ん坊を背中に背負って二足歩行する。南米のクモザルでも地上に降りると二足で立って歩くし、ニホンザルはイモを両手に抱えて砂浜を走る。イヌかなにかのように草原を疾駆するパタスモンキーでさえ、両手に果物を抱えると、長い尻尾《しっぽ》の支えはあるとしても、両足で立つ。しかし、そこから二足歩行までのあいだの溝は深い。「口と手連合仮説」は、主食を開発するというそのサルの生存にかかわる活動の裏づけなしには、移動方法まで変わることはない、と予想する。サトウキビやイモのように餌づけの食物がたまたま豊富にあったために、潜在能力としての二足歩行を見せることがあっても、そこから常時の二足歩行へ至ることはない。

人類が道具を手にしたのは、主食の開発のためだった。骨を食物とするためには、口に入れて粉々にできるだけの大きさに割り砕かなくてはならない。そのために石をもつことは、道具をもつという点だけを取り上げればチンパンジーがアリ釣りに細い枝をつくってもつのと変わりはない。しかし、チンパンジーの趣味としてのアリ釣りとはちがって、骨の粉砕には人類の生存がかかっていた。それまで利用されなかった骨は、サバンナでは豊富に、また永久に（1

パタスモンキー　この種は草原を走るイヌの仲間のように見える．しかし，このサルでさえ両手に物をもつと二足で立ち上がる

００万年単位で）得られるものだった。そういう安定した条件があったからこそ、体の形を変えるつぎのステップに進むことができたのである。それが生態系のなかで新しいニッチを開発できる条件である。骨を粉砕する石を握りしめるために親指が太くなるほどに人類の手は変わり、その道具で得られた骨をすり潰すように歯のエナメル質は厚くなり、歯列は平坦になった。

主食は常の食物だから、握りしめる石は常にもっていなくてはならない。握りしめた石は、四足歩行をむつかしいものにした。肉食獣が食べ残した骨があるのは、アフリカの平らなサバンナである。平坦な広野という二足歩行に適した環境条件があり、食物のために石を握りしめていた初期人類は、二足で立つ理由があった。この条件のなかでだけ、力学的バランスの悪い、移動速度の遅い直立二足歩行が可能となった。サバンナには、ライオンやヒョウやハイエナのような多くの捕食者たちの脅威があるにもかかわらず、速度の遅い直立二足歩行を人類が採用したこ

ウーリークモザル　南米の熱帯雨林にすむこの種は，尾を第５の手足として，アクロバットのような動きができる．その三次元感覚が地上で生かされるのか，赤ん坊を背負っていても二足歩行を軽々と行う

とには驚かざるをえない。ニッチは捕食者よりも主食によって決定され、ニッチはまた、移動方法を決定している。

3　ケニアントロプス属と長谷川政美説の衝撃

アウストラロピテクス属を祖先としてヒト属へ、そして「ヒト」へという人類進化の道筋がはっきりしていたように見えた20世紀の常識は、21世紀に入るとともに激動を迎えることになった。ケニアントロプス属が提唱されたからである。[127] ケニア在住の人類学者ミーヴ・リーキーらによって「人類の新しい属は中期鮮新世の系統の分岐を示す」と題した彼らの論文は、この新しい発見の大きさをはっきり示している。この新属は350万年前のもので、ケニア北部トゥルカナ湖西岸で発掘されている。その頭骨、とくに顔面骨の形がアウストラロピテクス属よりもヒト属に近いことが強調されている。彼らの発掘結果を紹介した論文は、はっきりとケニアントロプス属の系統上の位置を図にして示しているが、それによれば、アナメンシスからアファレンシスへの系統とは別に、アファレンシスと並存して350万年前にケニアントロプスが現れ、それがこれまでヒト属とされてきた200万年前のルドルフェンシスにつながるというのである。[128]

こうして、人類の系統についてまったく新しい見解が出現した。今のところ、リーキーたちはケニアントロプスからルドルフェンシスまでの道筋にホモ・エレクトゥスが付け加わることをあからさまには提案していないが、どうもそのルートを暗示している、と私には思える。つまり、アウストラロピテクス属は最後に頑丈タイプのパラントロプス属に至って絶滅する系統であり、現生のヒトに至る道筋はこれとは別に初期人類の時代からあったとする2すじの人類系統図である。リーキー一族は初代のルイス（Louis Leakey）からその息子リチャードの妻のミーヴに至る系譜のなかで、初期人類から現在のヒトに続く道筋を世間の常識とは別に温めつづけているふうがあり、それが形になって次々に現れることに衝撃がある。この一族は、アウストラロピテクス属のさまざまな種を発掘するいっぽうで、ホモ・ハビリスというヒト属の最古の種を通説に逆らって提案して結局生き残り、今またアナメンシスという最古のアウストラロピテクス属を発見した傍らで、ケニアントロプス属なるヒト属に直接つながりそうな系統を準備しているのである。

アウストラロピテクス属の運命を人類史の傍系においやってしまいそうな、ミーヴ・リーキーらの提案は人類史にとってはじつに大きな意味がある。しかし、分子人類学を提唱する長谷川政美さんはすでに1980年代に、リーキーらの新発見を予言するその独自の見解をまとめていた。彼は「アウストラロピテクスはヒトの先祖ではない(70)」とはっきり宣言して、アウストラロピテクス属とヒト属の分岐年代を400万年前よりもさらに昔に設定する。ケニアントロプスはこの予言の延長線上にある。これは長谷川さんにとっては、直立二足歩行はヒトの祖先としてそれほど決定的な意味のある特徴ではないからだと言う。

「今なお、多くの古人類学者がアウストラロピテクスにヒトの祖先の座を与えたがっているのは、筆者の理解に苦しむところである。……直立二足歩行の能力を獲得したら、それは必然的にヒトに進化しなければならないのであろうか。……類人猿の身体は二足歩行に進化しやすい形と機能をもっている。……このような類人猿において、似たような環境のもとで、いくつかの系統で二足歩行が独立に進化したと考えることは、不可能ではないであろう。

類人猿の身体構造が、四足歩行型よりも二足歩行型に近いということは、すでに100年以上も前にチャールズ・ダーウィンも気づいていたことなのである」

直立二足歩行がアウストラロピテクス属とは別にいくつかの系統で独立に進化する可能性についての長谷川さんの見解は、ケニアントロプス属が発見された今となっては、先見の明があったと恐れ入る以外はない。もっとも、ケニアントロプスには分類のために重要な歯が少ないので、顔面だけで別属といってよいのか、それより数十万年前のアナメンシスの子孫ではないか、という疑念は残る。

類人猿の身体構造が二足歩行に適しているのは、それらのサルたちが地上で二足歩行を見せることでもあきらかである。しかし、そのことと直立二足歩行を移動方式とすることとは天と地の差がある。南米のクモザルたちの移動様式もまた、四足歩行型よりも二足歩行型に近く、地上では軽々と二足歩行できる。この例は、森林の立体空間をどのような姿勢で利用するかを示していて、類人猿はクモザルと同じように立ち上がった姿勢で利用するというだけのことである。直立二足歩行の重要性は、人類の誕生と切り離せない意味をもっている。ただ、アウストラロピテクス属がただちにヒトまでつながるかどうか、それはまた別の話である。

4　初期人類の系統はどう整理されるか

いまや、猿人、原人、新人だけで話がついた昔の人類学からは想像もできない複雑な人類の系統図が提案されるようになった。ケニアントロプス属のプラティオプスのほかに、アウストラロピテクス属だけでもアナメンシス、アファレンシス、アフリカヌス、バーレルガザリ、ガルヒがあり、それから分かれたパラントロプス属にはエチオピクス、ボイセイ、ロブストゥス、ヒト属でもハビリス、ルドルフェンシス、エレクトゥス、ネアンデルターレンシス、サピエンスと綺羅星《きらぼし》のように名前が並び、どういう整理ができるのか、ちょっと見にはわけがわからなくなっている。新しい人骨が発見されるたびに、それまでの通説が崩れてまったく新しい展開になるのが人類学で、それはどんな推理小説よりも劇的な展開に溢れている。そこは、自分の好みの仮説を毎朝つくり上げては自分で否定するという創造的な思考がもっとも要求される精神活動の分野であり、これを学問というにはあまりにリスキーである。もともと学問は専門知識に裏打ちされた知的遊戯という性格をもっているが、人類学はそれが博打《ばくち》になる危険水準に近いほどにもっとも遊戯的な色が濃い。新しい化石がどこで出るか、いつ出るか、何が出るかわからない現場を這《は》いずり回る真の山師たちが、人類学の専門知識の基盤となる事実を掘り出すために必要であるという意味でも、学問とはいえ、ほんとうに賭博と紙一重である。

長谷川さんの宣言は、正統派人類学者からすれば恐れを知らない分子生物学者のたわごとに見えるだろうが、この錯綜《さくそう》した人類の系統問題に割って入って、霊長類生態の研究者にも恐れを知らない者がいるという証明をしようというのが、私の計画である。私の提案は初期人類は野生動物なので、アフリカの動物地理学の法則が適用できるはずである、ということである。

ケニアントロプス属の出土地点は、ケニア北部のトゥルカナ湖だから、同じ時代に生きていたアウストラロピテクス属のアファレンシスの分布域のなかである。つまり、同じ場所、同じ時代にふたつの人類の別属がいたことになる。こういう分布様式は可能だろうか？

アフリカの動物地理

私はこの領域の世界的な権威、諏訪元さんを訪ねた。錯綜した化石人類種を整理する私なりの方法論を、彼にぶつけてみたかったのである。もっとも、彼はジョハンソンのチームに加わって化石人類の研鑽《けんさん》を積み、ホワイトとともにアルディピテクス属を発見し、頑丈型アウストラロピテクスの最初の頭骨を発見して、ホモ・エレクトゥスとの共存を確認し[129]、アファレンシスの後継者と目される300万年前～200万年前のガルヒ[130]を発見している化石人類学の俊英である。さすがに気あいが入った。

諏訪さんは「総合研究博物館」に移っていた。この建物は、東京大学の赤門を入って右へ塀に沿ってゆく。構内の隅につつましく潜んでいた人類学教室のある赤レンガの理学部2号館よりもっと奥にある。もっとも、その建物は新しい。

「ケニアントロプス属をミーヴ・リーキーたちが提案しましたね。これを見たとき、私にはちょうどルイス・リーキーがホモ・ハビリスを提案したときのような印象を受けました。あのとき、渡辺仁さんたちはその提案に懐疑的でしたが、私にもこの新しい属の提案がもうひとつ理解できないのです」

諏訪さんもこの新属の提案に懐疑的だった。

「写真を見るといかにも、という形をしていますが、これだけ部分的な骨からこういうふうに組み立てられるかどうか」

彼は昔からそうだが、一貫して明瞭な話しかたをする。私も話しやすい。

「私は動物の分布と動物地理学に関心をもってきたので、マダガスカルの原猿類の分布が、科のレベルで異なっている原猿類どうしで同じ分布パターンをもっていることに衝撃を受けました。マダガスカルの東部熱帯雨林と西部の乾燥森林では、インドリ科、キツネザル科、コビトキツネザル科、メガラダピス科で同じような種の分化を起こしているのです。ちょうどアフリカ大陸でも中心部の熱帯雨林とそのまわりの乾燥森林やサバンナで、分類上の科はちがっていても同じような分布のしかたをすると考えてはどうか、というのが私の構想です」

「アフリカの霊長類について、生態学的に種分化を考えるということですね」

「そうです。科のレベルを超えて同じ分布パターンが見えるということが問題の焦点で、生態学というよりも生態の歴史的構造を重視する動物地理学と言ったほうがいいでしょうか。人類の系統と言うと、すぐに500万年前から現代までを時間軸に並べて、アナメンシスからアファレンシスが出たのか、それともヒト属が出たのかとか、アフリカヌスからパラントロプス属が出たのか、と時間軸上の系統関係に論議が行くのですが、私の意見はまずひとつの時間平面でアフリカを見ようということです。

アフリカではヒトとゴリラ、チンパンジーを含むヒト上科のグループとオナガザル科のヒヒ属のグループとを比較して、両方のグループが同じ分布構造をもっていると想定するのです。ヒヒ属のグループの分布パターンは現在のものですが、この分布パターンを400万〜300万年前の初期人類を含むヒト上科の分布構造に対応させて考えてみるというアイデアです。

そのためには、アフリカの環境が400万〜300万年前にも現在と同じ構造をもっていたと仮定しますが、これはコンゴ盆地を中心に熱帯雨林があり、周辺に乾燥森林とサバンナがあるという大まかな構造が同じくらいということです。厳密に現在の植生と同じでなくてもいいのです」

「今の東アフリカのサバンナは二次的、つまり人為的な要素が多いといわれていますからね」

「そうです。セレンゲティー平原のような草原の優占する植生は、人為的な火入れによって維持されていることが多いと聞きます。ですから、現在の植生よりもずっと森林の多い植生が自

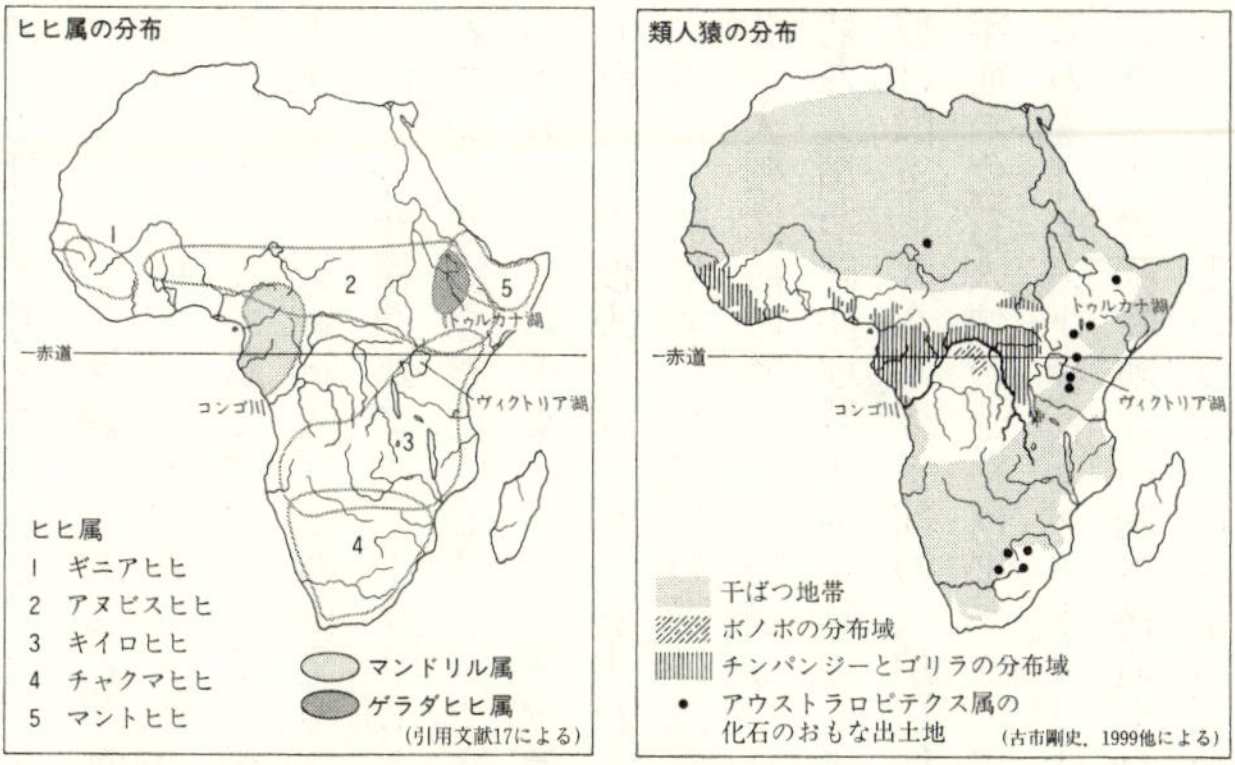

アフリカにおける霊長類の動物地理　アウストラロピテクス属の分布地点は干ばつ地帯の周辺地域であり，その生活場所の特徴をよく示している．ヒヒ属とマンドリル属およびゲラダヒヒ属の地理的分布の構造と，アウストラロピテクス属とチンパンジー属およびゴリラ属の地理的分布を重ね合わせると，人類の起原について興味深い地理的状況が見えてくる．アウストラロピテクス属の発見場所が限られているのは，100万年前以上の化石が残っている場所が限られるためだと考えると，その分布構造はヒヒ属によく似ている．エチオピア高原地域は動物地理からも特別で，ゲラダヒヒ属の生息地がヒヒ属の分布域のなかにあり，初期人類でも十分な分岐の時間があれば，ここに新属が生まれる可能性がある

然でしょう。ともあれ、アフリカの霊長類の分布パターンの代表として、ヒヒ属とその近縁のサルたちを考えることにします。ヒヒ属は初期人類と同じころに、アフリカの乾燥地帯に分布しているので、初期人類の分布構造を示しているのだと、考えるわけです。

ヒヒ属に近縁のマンドリル属は中央アフリカの熱帯雨林に、その周辺にヒヒ属が、そしてヒヒ属の分布域内のエチオピアの高原地帯にゲラダヒヒ属が分布しています。この基本的な分布構造を、400万～300万年前のアフリカにあてはめて考えてみると、マンドリル属に対応するのは、チンパンジー属とゴリラ属、アウストラロピテクス属はヒヒ属に対応します。このヒヒ属の種分化は、西アフリカ、サハラの南部地方から東アフリカ、東アフリカ南部、東アフリカ東北部、南アフリカという地域に対応しています。ヒヒ属では、この順にギニアヒヒ、もっとも分布の広いアヌビスヒヒとその南のキイロヒヒ、アヌビスヒヒの東北のマントヒヒ、そして南アフリカのチャクマヒヒの5種です。

　同じ分布構造がアウストラロピテクス属に対応すると考えると、現在の多数の化石種が生まれている状況を整理することができるのではないか、というのが私の案です」

「それはコパンの唱えるイーストサイド・ストーリー、人類はアフリカ大地溝帯の東側で成立したという仮説とはちがいますね」

「当たり前です。コパンの話には思いつきはあっても動物地理学はありません。彼の本の『図3　人類拡散の歴史』の地図[77]2では、アフリカ中央部の熱帯雨林をとりまくように400万年前の人類の居住地域が描かれていますが、このほうが動物地理学としては当たり前なのです。彼は図1に800万年前の人類居住地域として、東アフリカだけを示していますが、800万年前の化石人類の証拠はゼロなのに、その時代の想像上の分布域を描くのは、行きすぎです。これをイーストサイド・ストーリーとよぶのはもっと問題です。単なる語呂あわせのために、アフリカの動物地理の基本構造を見失わせています。

　アフリカというと大地溝帯の東か西かという分けかたは誤りで、サハラ砂漠の南、サヘル地方と南アフリカも人類進化の舞台です。大地溝帯はその一部にしかすぎません。アフリカでは中央アフリカの熱帯雨林とその周辺に半同心円状に広がるサバンナ・ウッドランド、さらにその周囲に広がる砂漠に至る乾燥地帯、および北東のエチオピア高原と南アフリカ東部のドラケンズバーグ山脈の山地植生地帯が、主要な環境要因です。この中央アフリカの熱帯雨林地帯は時代によって拡大収縮しているので、そこに生息していた初期人類の証拠は森林拡大期に森に呑みこまれて失われたという視点が重要です」

「なるほど、それはよくわかりましたが、ヒヒについてはちょっと異論があります。ヒヒ属に近縁なのは、400万年前に分岐したゲラダヒヒ属のつぎにはマンガベイ属のなかのホオジロマンガベイ群のはずで、マンドリル属はずっと古く、700万年前に分岐していたはずです」

これはまったくそのとおりで、アフリカの熱帯雨林にはマンドリル属とマンガベイ属がいて、マンガベイ属にはふたつのグループ、5種がいる。[131] もっとも、マンガベイ属のもうひとつのグループ、シロエリマンガベイ群の分岐年代はマンドリルと同じ時代のようである。マンガベイ属が2度にわたって分岐し、なお同じ属だというのも変だが、日本モンキーセンター所長の岩本光雄さんによれば「マンガベイばかりは、昔から分類が安定しているというか、誰も口をはさまないグループやな」とのこと。このグループはどうも地味で、一般には知っている人はほとんどいないし、専門家も関心が薄い。

「マンガベイはともかく、タンガニーカ湖畔で見たというアヌビスヒヒとキイロヒヒは、見分けがつくものですか？」と諏訪さん。

見分けがつくもなにも、私はアフリカではヒヒ属はこの2種しか見ていないが、タンガニーカ湖の東岸に200キロメートルと離れていないところにすむ両者は、みかけからはまったく別ものだった。アヌビスヒヒはチンパンジーを脅すほど大きいが、キイロヒヒはすぐに森のなかに姿を消す小柄なヒヒだった。だが、この観察に諏訪さんは納得しない。

「ヒヒ属のなかを細かく種に分けるのは、意味があるかどうか？　マントヒヒとアヌビスヒヒは自然状態で交雑が起こるようで、また、ゲラダヒヒとアヌビスヒヒのあいだでも交雑が平気で起こっている。そういうことがキイロヒヒとアヌビスヒヒ、あるいは他の隣接するヒヒどうしで起こっていると考えると、それらは歴史的には亜種のレベルか、地域個体群程度の差しかないと考えるほうがいいのではないでしょうか？」

みかけはあてにならないというのは、ほんとうである。骨になって、歯だけで、相互の見分けがつくものかどうか、それは怪しい。彼がヒヒの分類に異議をさしはさむにはわけがある。最近の初期人類の種や属の細分化傾向に、彼は反対である。

「現生の種の定義と整合する尺度を化石人類に求めるなら、種内の多型を前提としなくてはならない、と私は思います。ひとつの種のなかにはいろいろな形があるのだから、それを認めたうえで、ひとつの化石が他の化石と種のなかの多型にあたるのか、それとも別の種なのか、と問わなくてはならないと思うからです」

それはまったくそうだと、私も同意する。ニホンザルひとつを取ってみても、地域によって大きさもそうとうに異なっている。

「ヒヒ類で言えば、ゲラダヒヒ属は400万年の歴史をもっていて、系統的に独自性を保ってきているので、ヒヒ属と同所的に分布する別属として扱っていいのでしょう。現実に交雑が起こっているマントヒヒとアヌビスヒヒは、それが部分的な交雑を起こしながらも、独自性を継承してゆくのなら、たしかに別種ですが、地域の個体群ごとにさまざまな混合が起こって、みかけも流動的に変化し、時代ごとに再編されるのなら、それらは種というより亜種と見たほうがいいのだと思うのです」

なるほど、その考えかたがアウストラロピテクス属にも及ぼされると。

初期人類の分岐の深さ

「そうです。最近は頑丈タイプのボイセイやロブストゥスをアウストラロピテクス属ではなくて、パラントロプス属とよぶようですが、それがあたっているかどうか？　同じ遺跡から発見される化石人骨の微々たる差を取り上げて、別種が同所的に分布するという主張がありますが、こういう遺跡では、それらが同じ場所であるといっても、通常1000年、場合によっては10万年もの年代差があるので、環境変化やポピュレーションの移動を考えると、亜種が混合している可能性は大きいでしょう」

彼はひとつの種のなかでもさまざまな形があるので、その全体を考慮したうえで現生の霊長類の種の分類が行われているが、ヒヒ属の全体の変異は各種のなかの変異とさして変わらないのではないかと言う。同じ見かたが初期人類についても必要だと言うのである。

「初期人類の分岐はそれぞれ100万年程度の深さであり、現生のヒヒ属のなかの分岐程度でしかないので、同じ種内の変異、多型現象と考えるほうがいいのではないかと私は思っています。ゴリラ属とチンパンジー属とは同所的に分布していますが、その分岐年代は800万～700万年ですから、分岐の深さが初期人類とはまるでちがいます」

分岐の深さとは、それぞれの種がどれほど前に分岐したかの時間の長さをさしている。ゴリラ属とチンパンジー属ほどのちがいが現れ、同じ森林ですめるようになるには、800万年という時間が必要なのだ。それにくらべれば、たしかにアファレンシスの継続時間は100万年程度で、そのあとにホモ・ハビリス、ホモ・エレクトゥスと2種が続くだけで、すぐにヒトに届いてしまう。それぞれの分岐の深さはせいぜい100万年である。アファレンシスに続く頑丈タイプの初期人類たち（パラントロプス属）もそれぞれの分岐の深さは、100万年かそれ以下だから、彼らとヒト属との分岐の深さも、最大でも300万年程度である。

それにしても、同じようなサルたちが同じ場所で生きてゆく異なる手立てを確立し、形を変えてしまうにはなんと長い時間が必要なことか。それは100万年を単位にする時間である。（と、言っておいてあわてて付け加えなくてはならない。大絶滅のような、ニッチの空白が一挙に生まれるときには、変化は劇的に起こる。それはまた、別の話である。数億年の時間のなかでは、その劇的な事件もまた起こる。）

「話を続けてもいいですか？」諏訪さんは、茫然癖のある先輩に気をつかう。「トゥルカナ湖の北のオモ川の流域にはアウストラロピテクス属の歯がたくさん集まっているところがあって、それを拾い集めて分類するのが、私の最初の仕事でした。いろいろな歯がごっちゃになっているのですが、慣れてくると頑丈タイプと華奢タイプとを分けることができるようになります。年代的には２７０万年前ころになって、はじめて同じ場所に複数の種が見られるようになります。それは東アフリカでは、華奢タイプのガルヒ猿人と頑丈タイプのエチオピクス猿人で、２００万年前を下ると、ホモ・エレクトゥスとボイセイ猿人との共存があり、ニッチ的にも分化がはっきりしてくるといえます。しかし、ホモ・エレクトゥスの時代になればともかく、それ以前では、アウストラロピテクス属といい、ヒト属といっても、同じ系統であって、それほど大きなニッチの差はないと考えています」

それが系統の分岐が浅いということなのだろう。

「３００万～２５０万年前に南北両極の氷床が激しく変化するようになり、これがアフリカでは乾燥化の波となって現れ、季節性が増すのだといわれています。猿人たちの食環境が厳しくなるにつれて、ヒト属の系統では石器を多用するようになり、頑丈タイプの猿人たちはさらに咀嚼器を頑丈にする方向へ進んだのだと思っています。もちろん、頑丈タイプの猿人たちは早い段階から食性は極端に特殊化していたので、ニッチも特殊化していた可能性はあります」

私も諏訪さんも慎重に、「では何が初期人類の食物だったのか」という焦点には触れないように話を進めていた。しかし、初期人類が何を主食にしていたにせよ、頑丈タイプとヒト属とのあいだで主食の相違はなく、ただその取りかたがちがったという点では、私たちの考えは一致していた。

諏訪さんは最後に「この点について私の考えかたをまとめた文章があります。私にはこれを展開する時間の余裕がないので、アイデアとしてお使いになって結構ですから、ご利用ください。引用文献もない随筆のようなものですけれど」と、別刷りをくれた。[132] 私が諏訪さんとの会談の一部始終を詳細に再現できるのはこの文書があるためで、それを彼が自由に使っていいというのは驚くべき好意だった。学者たちが自分の発想をこのように自由に相手に使わせるのがふつうだと思ったら、それはとんでもないことで、他人には自分のアイデアはまったく使わせないようにするのが、学者の習い性である。諏訪さんは世界のトップにたつ古人類学者として堂々たる見識をもっているので、面白い先輩にちょっと力を貸す余裕があるということである。話は立ったまま2時間に及び、終わると私は背中にびっしょり汗をかいていた。

アフリカでの種分化の法則

翌日、私は犬山のモンキーセンターで岩本光雄所長に会って、ヒヒ属の分類について形態学者としての見解を伺った。岩本さんは私を図書室に案内してヒヒ属の分類問題を語ってくれた。
「ほう、諏訪さんはそう言いましたか？　形態学者のなかにはヒヒ属を1種で通す者もいますね。その場合は、ハマドリアスというマントヒヒを表す学名だけになるから、亜種を語るときには、ほんとうに混乱するけれどね。エチオピアで調査したときには、たしかにアヌビスヒヒとマントヒヒとのあいだに交雑が起こっていた。あっちでもこっちでも。しかし、まったく社会構造がちがうから、そうとう戸惑っているように見えたなあ。それに交雑地帯を抜けると、こっちはマントヒヒ、こっちはずっとアヌビスヒヒと間違えようのないヒヒたちだけになる。『種とは何ぞや』と言いはじめるのは不毛だと思うけれど、形態学だけで種を決めるというのは、どうかなあ。生態的な、行動的な、はっきりした分化があれば、種として分けてとらえて当然だと思うよ」

モンキーセンターの隣は京都大学霊長類研究所である。境の林を抜けて丘を下るとすぐである。遺伝学の川本芳教授にもこの点を伺う。「生態学的には相違があるということでしたか。しかし、遺伝的にはヒヒ属には種レベルの相違は認められないと思いますが」

骨の上には、肉がつき、毛皮がつくので、マントヒヒとアヌビスヒヒはオスどうしでは見間違うことはない。しかし、メスどうしはどうだろうか？　それぞれのオスが交雑相手に選ぶのだから、見分けはついていない。それはメスから見たオスだってそうだ。マントがあろうが、なかろうが、ヒヒのオスにはちがいない、ということなのだろう。尻尾の長いアカゲザルと尾のほとんどないニホンザルとが、野外で交雑するのと同じことだ。

では、現在の種分類は意味がないのか？　私はそうではないと思う。

ヒヒ属の5種は、地理的に定まった分布構造を示すことで、それぞれに固有の特徴を刻むことになる。それらは地理的に配置されているだけなので境界線で交雑が起こり、雑種に繁殖力がある限りは雑種も同じ遺伝子が残されるだろう。また、環境条件が変わったときに、南の種が消滅して、北の種が南下して置き換わったり、残存する少数個体と交雑して、新しい種を形成することはありうる。しかし、地理的境界はそれほどいい加減なものではなく、その地域に固有の歴史があり、その上にたつ独自の環境条件があるので、それに見あった動物の形が形成される。マダガスカルの場合は、この境界の安定性がひじょうに強いのだと、私は思う。

しかし、これをアウストラロピテクス属に適用できるかと言えば、それは無理だろう。多数の個体の特徴をまとめて、変異の幅を調べ、多型の種類をあきらかにできる現生種ならともかく、部分的な骨が部分的な場所から「奇跡的に」発掘されるにすぎない化石動物の多型を現生種とくらべることは不可能である。しかし、アウストラロピテクス属にもアフリカの地域によって、現生種では別種とされるような分布構造があったはずであり、逆に別種に見えるような形をしていても、動物地理的に同じ場所であれば同種の可能性が高いと言うことができる。これがチャドで発見されたアウストラロピテクス属をアファレンシスと私が断定する根拠である。アフリカの動物地理からは、チャドと北ケニアにちがいはない。

年代で切って人類の歴史を見ると、錯綜しているかに見える初期人類の系統問題は解決してしまう。焦点のひとつはヒト属が現れる240万年前であり、諏訪さんの言う華奢タイプと頑丈タイプが臼歯の形ではっきり分けることができる時代である。このときからパラントロプス属が絶滅するまでは、形態的にもちがった、だからニッチがちがうふたつの人類属（ヒト属とパラントロプス属）が東アフリカと南アフリカで同所的に生存することになる。

問題を350万年前のケニアントロプス属にもどせば、これがケニア北部のトゥルカナ湖で発見された点が面白い。ヒヒ属に近縁のゲラダヒヒ属は形態からも生態からもヒヒ属からはっきり区別されるが、ケニアントロプス属とアウストラロピテクス属との関係に似ている。350万年前には、ケニアントロプスと同じ遺跡でゲラダヒヒ属（現生の種とは別種）が「一般的である」とリーキーらは報告している。しかし、アウストラロピテクス・アナメンシスが発見された400万年前のトゥルカナ湖南のカナポイの動物相では、古いヒヒ属であるパラパピオ属しか見つかっていない。アナメンシスの年代400万年前とケニアントロプスの年代350万年前とのあいだは、アフリカの霊長類が新しく展開した時代だったようである。

ケニアントロプスがほんとうだとすると、同じ場所にふたつの属が現れるわけで、別のニッチを形成する別の手法（別の技術、すなわち口と手の特殊化）が必要になる。ゲラダヒヒ属が果実・草食のヒヒ属とはちがって土中の塊茎や根に食物を求めたように、同じ食物の別の部位を利用できる技術（口と手の特殊化）、あるいはより乾燥した気候に適応できる特殊な採食技術が必要になる。

それには「分岐の深さ」が問題だろう。ケニアントロプスの年代は350万年前で、アファレンシスと同じ時代だから、同所的に生息できるためには、ゲラダヒヒ属がヒヒ属と同所的に生息できたと同じような「分岐の深さ」を想定しなくてはならない。

「それはありえません」と諏訪さんなら言うだろう。「華奢タイプと頑丈タイプの歯の区別は、270万年前にはじめて現れるので、それ以前のものはチンパンジーと分かれて以来のアファレンシスに見られる中間タイプのものなのです」と。

ヒト属の生まれる200万年前（あるいは240万年前）まで、直立二足歩行の起原から400万年が経過したとしてはじめて属レベルでの形の特徴が固定される。人類史は生命の時間単位を考えるとそれほどに短いので、ケニアントロプス属、ヒト属といっても、現生のヒヒ属のサルたちのなかの種分化程度のものでしかない可能性が高い。種内に多型があり、雌雄差があるので、そのどれが出土したかでも印象はまったくちがってくる。このことに一喜一憂しないためにも、アフリカの動物地理にもとづく化石人類の位置づけは有効であろう。

化石の絶対年代の決定技術が開発されるとともに、分子時計の技術が開発され、分岐年代があきらかにされつつある。これが分岐の深さの問題を解決してくれる。しかし、空白をうめるための作業は、山師たち、精神的にも肉体的にもタフで恐れをしらず、知識の世界と現実世界での冒険者たることを恐れない者たちの手にゆだねられている。

終章　石を握る。そして、歩き出す

「"bone hunting" はこれだけをとりだしてしまうと、霊長類にも現代人にも類例がないので突飛にみえるが、食性進化史的ないし技術史的にみれば、大型獣猟の発生とともにその中に吸収され発展的に解消したとみることができる。獣骨割り——骨髄食が現生狩猟採集民間に殆ど汎世界的に広くみられるのは、それが大型獣猟以前からの古い習性の名残である可能性を暗示するようにもみえる(106)」と渡辺仁さんは言う。

骨はサバンナに豊富にあるといっても、大型の食肉動物たちが食べ残したそうとうに堅いものだ。しかし、これを割ることができれば、脂肪の塊である骨髄はそのまま食物になる。傍らにあった石で大きな骨を叩き割り、骨髄を取り出して食べる。最初はそうしてはじまったのだろう。しかし、実際には骨と骨髄をはっきり分けることはできない。骨を嚙み潰すのは日常になる。手にもった石は、そのままでは口に入らない大きな骨を砕く道具であり、平らな歯列と厚いエナメル質は、骨をすり潰すために欠くことのできない道具となる。骨の栄養に果実や葉を加えると、高いカロリーのバランスのとれた栄養豊かな食事となる。しかも、サバンナには骨はほとんど無限にある。この誰も使わないニッチに初期人類が足を踏み入れたのだから、成功は保証されていたといってよい。

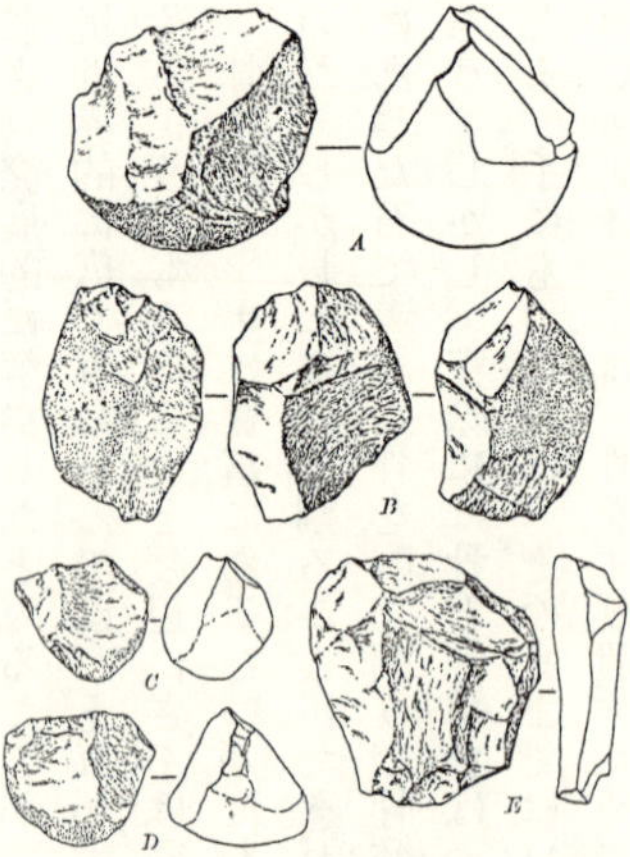

オルドワン文化の礫石器

(pebble tool)　ヒト属が利用したと考えられる最古の石器で，丸い石をただ打ち欠いただけの形である．このような石器は刃物として利用するよりは叩き割る，小さく砕くという用途に適していただろう（引用文献104）

初期人類の使う石は、石器というほどのものでなかっただろう。ただ叩き割ることができればいいのだから、角がするどくなっている必要もなかった。しかし、石を使うことは絶対に不可欠の条件だった。そこで握りしめる手が必要になる。人類より小柄なチンパンジーの手にくらべても、人類の手はずっと華奢だが、この手はアリ塚を掘り崩すツチブタの前足と同じほどの威力をもっている。この手は骨を拾って平らな場所に置き、石を握って、骨を砕くほどの正確さで振り下ろす。その目的のためにはこういう手でなくてはならなかった。親指は石を握りしめるために不可欠のもので、太くなる理由があった。主食を準備する石を握る手、それが私たちのこの手であり、この太くなった親指の意味である。

類人猿の体形は直立タイプの移動方法を準備した点で、人類の直立二足歩行への移行を楽にしただろう。しかし、たとえ類人猿にバランス感覚や直立した体形という準備ができていたとしても、最後のポイントを通過する条件は主食である。主食を開発できない限り、生存はありえない。

主食とは常の食である。サバンナに残された骨を食べるには、それを割る道具が必要である。ボーン・ハンティング（骨猟）をする類人猿は地上に降りて、大きな骨を口に入れられるほどに砕くために、適当な石を探して握ることになる。手に物をもったサルたちは例外なく立ち上がる。しかし、そこから直立二足歩行までには、大きな溝、いやルビコン河を越える必要がある。この大きな河を越えるためには、その生態系のなかでニッチを確定して１００万年の安定をもたらすほどの生存を確実にする主食の開発がなくてはならない。しかし、そのためには大きな骨を口に入れられるほどに砕く石を使う以外には、どんな手立てもない。

こうして、常の食、主食を手に入れる手段として手には常に石をもつようになる。こうなると、手の構造は親指のしっかりした把握タイプの形になる。そして、この手の形は小指を下向きにおいて、握った石を地上の骨に叩きつける形をとるから、四足移動をするとしてもナックル・ウォーキングにはならない。骨は持ち運びしやすいものだから、安全な場所に持っていって食べることも可能である。このとき、両方の手がふさがることも自然のなりゆきである。片手で石をもち、他方の手には骨をもつのは、どこででも食物が食べられるという利点がある。

あるいは、捕食者に出会っても、石を投げつけることもできるという利点もあるかもしれない。こうして、地上に降りて、ボーン・ハンティング（骨猟）をする類人猿は両手に道具と食物をもって立ち上がる。そして、歩き出す。

食物運搬仮説はひとつの側面を言いあてているにすぎない。それは肉食を前提にしているので、運搬仮説の威力をほとんど意味のないものにしてしまった。ただ食物を運搬するだけでは、このことした直立二足歩行を選ぶ理由はない。直立二足歩行は四足走行にくらべると圧倒的に遅いので、食物を運搬している類人猿は、その食物が肉ならなおさらのこと、サバンナの捕食者のよい餌になるだけである。骨という他の肉食獣の食べ残しを主食にすることの利点は、ここにもある。

人類の特徴的な歯の形は、骨が主食のときにもっとも効率的であることを示している。人類の特徴的な手の形は、骨を口に入れ、その歯ですり潰す前に、道具をもって砕かなくてはならなかったこと、そのためにしっかり握りしめることが必要になったことを示している。そして、この握りしめる手の形は、両手に物を握った場合には、立ち上がって移動するしかないことを示し、直立二足歩行が自然であることを示すのである。

こうして、アイアイの特別な形を主食から説明する「口と手連合仮説」は、初期人類の主食と直立二足歩行の関係をもよく説明している。

中新世末から510万年前にはじまる鮮新世はじめにかけて、それまでおそらく果実や葉を食べ、熱帯雨林の周辺にいた類人猿の一部はサバンナへ出て、ボーン・ハンティング（骨猟）をはじめ、直立二足歩行をはじめた。彼らは、熱帯雨林の周辺地域全域に分布を拡大し、400万年前には西アフリカ、サハラ南部から東アフリカ（アナメンシス種）、東アフリカ南部、南アフリカ、そして北東部高原地帯アフリカの5種に分化しただろう（むろん、これは現生のヒヒ属を元にしたモデルにすぎないが）。

続いて400万年前～300万年前に東アフリカで優勢になったのはアファレンシスで、中央アフリカのチャドまでは分布していたのだろう。南アフリカではアフリカヌスに続く系統が準備されていたかもしれない。

350万年前には、同じ東アフリカでケニアントロプス属が現れたとされる。この属のアウストラロピテクス属との同所的分布は、それぞれが別のニッチを確立していたことを示しているが、それはのちにヒト属とパラントロプス属とのちがいとしてきわだつような、石器を使った効率的な骨食と大型の歯に頼る骨食とのちがいのはじまりだったとしても、諏訪さんがいみじくも言ったように「それでも根本的な食物のちがいはない」。

多くの人類化石が出土しているケニア北部からエチオピアは、じつに面白いことに一般にイメージされる乾燥地帯とちがって、アフリカの典型的な乾燥気候から免れている地域である。そこは「月別平均雨量が連続3カ月にわたって10ミリメートル以下の顕著な乾季を伴う地域」とされるサハラから東アフリカ一帯、南アフリカの主要部分と区別される[133]。エチオピア高原は最高標高4000メートルを超える山岳を含む広大な領域であり、「エチオピア高原の山地コミュニティー」(134)とよばれる植生地域で、その南にはトゥルカナ湖周辺の半砂漠乾燥地帯があり、さらにそれらの周辺は南部サハラから東アフリカ全域に広がるアカシアのある「木のあるステップ」とよばれる植生帯である。つまり、そこは乾燥から免れた比較的森林環境が残っている地域であり、地球規模の乾燥期にも他のアフリカ地域より環境条件は安定していたのではないか、と思われる。

トゥルカナ湖周辺はエチオピア高原とケニア山をもつナイロビ一帯の高原地帯とのあいだのアフリカ大地溝帯のなかの盆地で、サハラ砂漠からの乾燥地帯回廊にあり、薄い森林環境と周期的な極乾燥が多くの化石を残すことにつながったのだろう。

アウストラロピテクス属とケニアントロプス属との関係は、わからないことが多い。分布域が広かったのは、アウストラロピテクス属ではなくて、ケニアントロプス属だったかもしれない。アウストラロピテクス属から頑丈タイプのパラントロプス属へ移行したように、もともとこの属は骨を割るときには石を使うが、大きな歯で骨を大量に食べるタイプだった可能性があり、それにくらべると、石を使い、石器をつくって使うタイプのヒト属につながる可能性があるとされるケニアントロプス属のほうがより一般的な形を残したかもしれない。つまり、特殊な形のゲラダヒヒ属と同じように、アウストラロピテクス属のほうが狭い分布域だったのかもしれない。あるいは、このふたつの属は同じアウストラロピテクス属のなかのふたつの種としたほうがよいのかもしれない。それを判断するためには、ケニアントロプスの親指の骨を探さなくてはならない。それがわかるものなら、たったひとつの骨のかけらでも、人類進化の筋道を照らし出す灯りになる。

アファレンシスの時代の終わり、鮮新世中ごろの270万年前からは頑丈タイプのアウストラロピテクス、つまりパラントロプス属が現れる。これはエチオピクスやアフリカヌスを中間形態として、南アフリカのロブストゥスと東アフリカのボイセイを代表とする。頑丈な下顎と大きな臼歯を特徴とする40～80キログラムのパラントロプス属もまた、中央アフリカの熱帯雨林を取り囲むアフリカサバンナ地帯で5種ほどの種に分化したはずである。ボイセイは更新世前期の100万年前ごろまで生存し、ロブストゥスはやや新しく210万年前に現れ、85万年前までいた。

同じころ、石器をもったヒト属が東アフリカで発展する。彼らは頑丈な石斧《いしおの》を握りしめてアフリカ全土に広がり、そこを出てアジア、ヨーロッパへと向かう。ホモ・エレクトゥス（原人）たちである。こうして、200万年後には私たちヒトに続く長い道のりを、彼らは歩きはじめたのである。

あとがきにかえて

私には4人の学問上の先師がいる。生態人類学の渡辺仁さん（東京大学理学部人類学教室助教授、当時）、霊長類学の西田利貞さん（京都大学理学部教授、元国際霊長類学会会長）、植物学・フン学の高杉欣一さん（東京大学農学部付属演習林研究部助手、当時そして退官時まで。「先生」とよぶと嫌がる）、そして自然人類学の近藤四郎先生（京都大学霊長類研究所所長、当時）である。

人類学の面白さを教えてくださったのは渡辺仁さんで、私たち学生は「仁さん、仁さん」と先生の膝元に集まっては、古文書から最新の論文までを自在に駆使して展開する先生の議論に触発された。しかし、先生はすでに亡く、私としてはこの本をもっとも読んでいただきたい人を失ってしまった。本書を先生に捧げることで、先賢の批判をしても先賢を貶《おとし》めるつもりはないという私の気持ちを表明したい。

西田さんはアフリカで30年以上にわたってチンパンジーの保護区を運営し、最前線の研究を続けるという常人にはなし得ないことを実行しながら、それを苦にもしていない方である。房総丘陵の森に私を連れて行って野生のニホンザルを見せ、マハレのチンパンジーを案内してくださった、ひたすらサル関係の師であり、「僕たちは友だちだ」と言ってくださる方である。

高杉さんには植物学と生態学の方法論と文化論を教わった。延々たる議論の末に、私たちは協力して雑誌『にほんざる』を刊行し、日本野生生物研究センターを創設した。高杉さんは断固として「生涯一助手」を貫いた硬骨の人で、そういう方から受けた精神的影響ははかりしれない。

近藤四郎先生（京都大学名誉教授）には、学生時代、財団設立時代、財団退職後そして現在と、35年間にわたってご迷惑をかけどおしにかけてきた。それも並の迷惑のかけかたではなかった。それでも先生は自然人類学教室の創始者、長谷部言人先生を孫弟子たる私に中継して、「長谷部先生は、人類を知ろうと思ったら原猿類を研究しなくてはならない、とおっしゃった。君はそれを継いでいることになる」と励まし、「大学に所属しなくて研究生活を続けるということは並大抵のことではない」と、一貫して私を支援してくださった。先生は霊長類の手について、私が総覧を書いていることを知ってその出版を楽しみにされていたが、今年2月に亡くなられた。先生のご冥福を祈り、世代を超えて受け継がれる学問にいささかの貢献をするように努めて、先生のご鞭撻に応える以外はない。

私はこの本をこの4人の先生方に捧げたい。「また、大雑把な捧げかたやな」、「迷惑だ」とおっしゃられても捧げたい。あの人類学教室の問題学生も、30年をかけていくらか深く物を考えるようになった証《あかし》として。

この本の構想と執筆のあいだ、いつも変わらず支えてくれた妻節子には特別に感謝している。マダガスカルでの6年間の暮らしのあいだはともかく、その他の長い歳月、夫たる私は就職先がないことを「わが国に稀な独立研究者」と称して生計を顧みなかったのである。しかも、孫の彩夏が生まれても、その面倒を見るより研究対象としている節さえ目立つのである。

マダガスカルの原猿類の見かたについて強力な影響をあたえてくださったのは、亡くなられた近藤典生先生（東京農業大学名誉教授、財団法人進化生物研究所所長、当時）で、最晩年に至っても真冬に素足で、幾時間も独自の生命観を熱をこめて語る姿には、生涯を研究に捧げながらアカデミズムに認められにくかった先生の思いがこめられていた。その先生の姿勢は深いところで、この本をまとめる引き金をつくっている。

私は先師に恵まれただけではなく、優秀極まりない後輩にも恵まれた。初期人類については諏訪元さん（東京大学助教授）に教えていただいたし、論文の検討については長谷川寿一さん（東京大学教授）と長谷川眞理子さん（早稲田大学教授）ご夫妻に協力をいただいた。

マダガスカルとアフリカの旅では、いつも㈱アイオスの岩川千秋さん、大津一美さん、土方裕雄さん、井上清司さんに、ビデオ資料については、㈱ナスカアイの耀洋子さんと青木保さんにお世話になった。マウンテンゴリラの写真は、世界旅行家の白石あづささんから借り受けた。ブラジルでの滞在は駐ブラジル日本大使館の石川博之医務官・参事官に、パンタナルでのフサオマキザルの観察には現地に永住しているカメラマンの湯川宜孝さんに、お世話になった。

口絵と挿絵は、笹原富美代さんに描いてもらった。姪にこういう才能がある人がいるのは幸いというもので、彼女は叔父の口やかましい指示によく耐えて「もうこれ以上はない」というところまでつきあってくれたのである。

また、この本を書くあいだには多くの方々から有益なご示唆を受けた。日本モンキーセンターの岩本光雄所長(京都大学名誉教授)、加藤章副所長、水野礼子さん、川本芳教授(京都大学霊長類研究所)、久野木順一先生(日赤医療センター)、正田陽一先生(東京大学名誉教授)、落合進教授(聖徳大学)には、それぞれの専門分野からのアドバイスを受けることができたのは、ほんとうに幸いだった。

マダガスカルでの調査研究では、日本大使館のみなさん、国際協力事業団専門家のみなさんのほか、小村博さん(住友商事)、原田新二さん(大豊建設)、Jules Carolin Xavier RAMASYさん、チンバザザ動植物公園のGilbert RAKOTOARISOA動物部長とAlbert RANDRIANJAFY園長ほかたくさんのスタッフのみなさんにお世話になった。アンタナナリブと東京を結ぶ連絡には、酒井雅義さん、原田幸恵さんのご協力を得た。

また、資料の検索には東京大学生物学科図書室、文京区立真砂中央図書館にお世話になった。

最後になるが、私にこの本を書くことを勧めてくださった2人の先輩、河田宏さん(本郷三丁目「麦」元店主、近世アジア史家)と志村英雄さん(大修館書店)、そしてこの原稿を評価してくださった小黒一三さん(トドプレス)、佐々木久夫さん、酒井孝博さん(中央公論新社)には、坐りなおしてお礼を申し上げたい。形になる前のアイデアを理解し、評価することは誰にでもできることではないので、「見ないで信じることができる」方々に出会えたのは、ほんとうに幸運だった。
世界を狭しと辺境を駆け巡り、肉体の限界を超える活動をしながら、なお「知の冒険者」を志す若者たちすべてに、この本がよい刺激をあたえることを心から願って。

2003年6月18日　本郷展雲荘にて

1 霊長類の分類

霊長目 Primates

- 原猿亜目 Prosimii（原猿類 Prosimians）
  - キツネザル下目 Lemuriformes
    - コビトキツネザル科 Cheirogaleidae
    - キツネザル科 Lemuridae
    - メガラダピス科 Megaladapidae
    - インドリ科 Indriidae
    - パレオプロピテクス科(絶滅) Palaeopropithecidae
    - アルケオレムール科(絶滅) Archaeolemuridae
  - アイアイ下目 Daubentoniiformes
    - アイアイ科 Daubentoniidae
  - ロリス下目 Lorisiformes
    - ロリス科 Lorisidae
  - メガネザル下目 Tarsiiformes
    - メガネザル科 Tarsiidae
- 真猿亜目 Anthropoidea（真猿類 Anthropoids）
  - 広鼻類 Platyrrhini（新世界ザル Platyrrhine monkeys, New World monkeys）
    - マーモセット科 Callitrichidae
    - オマキザル科 Cebidae
  - 狭鼻類 Catarrhini（旧世界ザル Catarrhine monkeys, Old World monkeys）
    - オナガザル上科 Cercopithecoidea (Cercopithecoids, monkeys)
      - オナガザル科 Cercopithecidae
    - ヒト上科 Hominoidea(Hominoids, Apes and humans)
      - テナガザル科 Hylobatidae
      - オランウータン科 Pongidae
      - ヒト科 Hominidae

注：霊長類の分類と和名，学名は以下に準拠した．

岩本光雄，1985-1989，「サルの分類名」，『霊長類研究』1:45-54，2:76-88，3:59-67，3:119-126，4:83-93，4:134-144，5:75-80，5:129-141．

ヒト上科とヒト科の別の分類方法については，資料4を参照されたい

31 *L. ruficaudatus* アカオイタチキツネザル Red-tailed Sportive Lemur
32 *L. edwardsi* ミルネドワルイタチキツネザル Milne-Edwards' Sportive Lemur
33 *L. leucopus* シロアシイタチキツネザル White-footed Sportive Lemur
34 *L. mustelinus* イタチキツネザル Weasel Sportive Lemur
35 *L. microdon* コバイタチキツネザル Small-toothed Sportive Lemur
36 *L. septentrionalis* キタイタチキツネザル Northern Sportive Lemur
⑫Megaladapis † メガラダピス属 Koala Lemur
37 *M. edwardsi* † ミルネドワルメガラダピス
38 *M. madagascariensis* † メガラダピス
39 *M. grandidieri* † グランディディエメガラダピス
Ⅳ INDRIIDAE インドリ科
⑬Indri インドリ属
40 *I. indri* インドリ
⑭Avahi アヴァヒ属 Avahis
41 *A. laniger* ヒガシアヴァヒ Eastern Woolly Lemur
42 *A. occidentalis* ニシアヴァヒ Western Woolly Lemur
43 *A. unicolor* キタアヴァヒ Unicolor Avahi or Unicolor Woolly Lemur
⑮Propithecus シファカ属 Sifakas
44 *P. verreauxi* ヴェローシファカ Verraux's Sifaka
45 *P. diadema* カンムリシファカ Diademed Sifaka
46 *P. tattersalli* タターサルシファカ Tattersall's Sifaka
Ⅴ PALAEOPROPITHECIDAE † パレオプロピテクス科
⑯Mesopropithecus † メソプロピテクス属
47 *M. globiceps* †
48 *M. pithecoides* †
49 *M. dolichobrachion* †
⑰Babakotia † ババコティア属
50 *B. radofilai* †
⑱Palaeopropithecus † パレオプロピテクス属
51 *P. ingens* †
52 *P. maximus* †
⑲Archaeoindris † アルケオインドリス属
53 *A. fontoynonti* †
Ⅵ ARCHAEOLEMURIDAE † アルケオレムール科
⑳Archaeolemur † アルケオレムール属
54 *A. edwardsi* †
55 *A. majori* †
㉑Hadropithecus † ハドロピテクス属
56 *H. stenognathus* †
Ⅶ DAUBENTONIIDAE アイアイ科
㉒Daubentonia アイアイ属 Aye-ayes
57 *D. madagascariensis* アイアイ Aye-aye
58 *D. robusta* † ジャイアントアイアイ Giant Aye-aye

（学名，和名，英名の順に並べている．†：絶滅．この一覧は岩本光雄京都大学名誉教授のご指導によって作成された）

2　マダガスカルの原猿類全種名一覧

I CHEIROGALEIDAE コビトキツネザル科
①Microcebus ネズミキツネザル属 Mouse Lemur
1 *M. murinus* ハイイロネズミキツネザル Grey Mouse Lemur
2 *M. myoximus* ニシブラウンネズミキツネザルWestern Rufous Mouse Lemur
3 *M. rufus* ブラウンネズミキツネザル Brown Mouse Lemur
4 *M. ravelobensis* ラヴェルベネズミキツネザル Golden-brown Mouse Lemur
5 *M. tavaratra* キタブラウンネズミキツネザル Northern Rufous Mouse Lemur
6 *M. sambiranensis* サンビラヌネズミキツネザル Sambirano Mouse Lemur
7 *M. griseorufus* グレイブラウンネズミキツネザル Gray-brown Mouse Lemur
8 *M. berthae* ベルテネズミキツネザル Berthe's Mouse Lemur
②Mirza コクレルネズミキツネザル属 Coquerel's Dwarf Lemur
9 *M. coquereli* コクレルネズミキツネザル Coquerel's Dwarf Lemur
③Cheirogaleus コビトキツネザル属 Dwarf Lemur
10 *C. major* オオコビトキツネザル Greater Dwarf Lemur
11 *C. medius* フトオコビトキツネザル Fat-tailed Dwarf Lemur
12 *C. ravus* Large Iron-gray Dwarf Lemur
13 *C. minusculus* Small Iron-gray Dwarf Lemur
14 *C. crosoleyi*
15 *C. sibereei*
④Allocebus ミミゲコビトキツネザル属 Hairy-eared Dwarf Lemur
16 *A. trichotis* ミミゲコビトキツネザル Hairy-eared Dwarf Lemur
⑤Phaner フォークコビトキツネザル属 Fork-marked Dwarf Lemur
17 *P. furcifer* フォークコビトキツネザル Fork-marked Dwarf Lemur
II LEMURIDAE キツネザル科
⑥Hapalemur ジェントルキツネザル属 Bamboo Lemur
18 *H. griseus* ハイイロジェントルキツネザル Grey Gentle Lemur
19 *H. simus* ヒロバナジェントルキツネザル Broad-nosed Gentle Lemur
20 *H. aureus* キンイロジェントルキツネザル Golden Bamboo Lemur
⑦Lemur ワオキツネザル属 Ring-tailed Lemur
21 *L. catta* ワオキツネザル Ring-tailed Lemur
⑧Varecia エリマキキツネザル属 Ruffed Lemur
22 *V. variegata* エリマキキツネザル Ruffed Lemur
⑨Pachylemur† パキレムール属
23 *P. insignis*†
24 *P. jullyi*†
⑩Eulemur キツネザル属 True Lemurs
25 *E. coronatus* カンムリキツネザル Crowned Lemur
26 *E. rubriventer* アカバラキツネザル Red-bellied Lemur
27 *E. macaco* クロキツネザル Black Lemur
28 *E. mongoz* マングースキツネザル Mongoose Lemur
29 *E. fulvus* ブラウンキツネザル Brown Lemur
III MEGALADAPIDAE メガラダピス科
⑪Lepilemur イタチキツネザル属 Sportive Lemurs
30 *L.dorsalis* ヌシベイタチキツネザル Nosy Be Sportive Lemur

ウーリークモザル属 Brachyteles
　ウーリークモザル *B. arachnoids*
ウーリーモンキー属 Lagothrix

オナガザル科 Cercopithecidae
　オナガザル属 Cercopithecus
　コビトグエノン属 Miopithecus
　アレンモンキー属 Allenopithecus
　パタスモンキー属 Erythrocebus
　　パタスモンキー E. patas
　マンガベイ属 Cercocebus
　　ホオジロマンガベイ *C. albigena*
　　シロエリマンガベイ *C. torquatus*
　ヒヒ属 Papio
　　マントヒヒ *P. hamadryas*
　　ギニアヒヒ *P. papio*
　　アヌビスヒヒ *P. anubis*
　　キイロヒヒ *P. cynocephalus*
　　チャクマヒヒ *P. ursinus*
　マンドリル属 Mandrillus
　ゲラダヒヒ属 Theropithecus
　　ゲラダヒヒ *T. gelada*
　マカク属 Macaca
　　ニホンザル *M. fusucata*
　　ヤクシマザル *M. fuscata yakui*
　　アカゲザル *M. mulatta*
　　クロザル *M. nigra*
　コロブスモンキー属 Colobus
　　アビシニアコロブス *C. guereza*
　リーフモンキー属 Presbytis
　ドゥクモンキー属 Pygathrix
　シシバナザル属 Rhinopithcus
　メンタワイシシバナザル属 Simias
　テングザル属 Nasalis

テナガザル科 Hylobatidae
　テナガザル属 Hylobates
　　テナガザル *H. lar*
　　フクロテナガザル *H. syndactylus*

オランウータン科 Pongidae
　オランウータン属 Pongo
　　オランウータン *P. pygmaeus*
　チンパンジー属 Pan
　　チンパンジー *P. troglodytes*
　　ボノボ(ピグミーチンパンジー) *P. paniscus*
　ゴリラ属 Gorilla
　　ゴリラ *G. gorilla*
　　　マウンテンゴリラ *G. g. beringei*
　　　ヒガシローランドゴリラ *G. g. graueri*

ヒト科 Hominidae
　ヒト属 Homo
　　ヒト *H. sapiens*

3　本書で引用された霊長類の種名および学名

マダガスカルの原猿類以外の霊長類の全科全属を掲載した．種名は引用されたものだけに限っていて，全種を網羅していない

原猿類

ロリス科 Lorisidae
- **ロリス属** Loris
  - ホソロリス *L. tardigrades*
- **スローロリス属** Nycticebus
  - スローロリス *N. coucang*
  - ピグミースローロリス *N. pygmaeus*
- **アンワンティボ属** Arctocebus
  - アンワンティボ *A. calabarensis*
- **ポットー属** Perodicticus
  - ポットー *P. potto*
- **ガラゴ属** Galago
  - ショウガラゴ *G. senegalensis*
  - アレンガラゴ *G. alleni*
- **ハリヅメガラゴ属** Euticus
  - ニシハリヅメガラゴ *E. elegantulus*
- **コビトガラゴ属** Galagoides
  - コビトガラゴ *G. demidoff*
- **オオガラゴ属** Otolemur
  - オオガラゴ *O. crassicarudatus*

メガネザル科 Tarsiidae
- **メガネザル属** Tarsius
  - ヒガシメガネザル *T. spectrum*

真猿類

マーモセット科 Callitrichidae
- **ピグミーマーモセット属** Cebuella
  - ピグミーマーモセット *C. pygmaea*
- **タマリン属** Saguinus
  - セマダラタマリン *S. fusciollis*
- **マーモセット属** Callithrix
  - シルバーマーモセット *C. argentata*
- **ライオンタマリン属** Leontopithecus
- **ゲルディモンキー属** Callimico

オマキザル科 Cebidae
- **オマキザル属** Cebus
  - フサオマキザル *C. apella*
  - ノドジロオマキザル *C. capucinus*
- **リスザル属** Saimiri
- **ヨザル属** Aotus
- **ティティモンキー属** Callicebus
- **サキ属** Pithecia
- **ヒゲサキ属** Chiropotes
- **ウアカリ属** Cacajao
- **ホエザル属** Alouatta
  - マントホエザル *A. palliata*
- **クモザル属** Ateles

4　化石類人猿を含めたヒト上科の分類

ヒト上科 Hominoidea(英語名Hominoid)
- プロコンスル科 Proconsulidae
- テナガザル科 Hylobatidae
- ヒト科 Hominidae
  - ドリョピテクス亜科 Dryopithecinae
    - アフロピテクス類 Afropithecini
    - ドリョピテクス類 Dryopithecini
    - ケニアピテクス類 Keniapithecini
  - オランウータン亜科 Ponginae
    - シヴァピテクス類 Sivapihecini
    - オランウータン類 Pongini
  - ヒト亜科 Homininae
    - ゴリラ類 Gorillini
      - ゴリラ属 *Gorilla*
      - チンパンジー属 *Pan*
    - ヒト類 Homini(英語名Hominid, Hominin)
      - アウストラロピテクス属 *Australopithecus*
      - ケニアントロプス属 *Kenyanthropus*
      - パラントロプス属 *Paranthropus*
      - ヒト属 *Homo*

Andrews, 1992（引用文献63）に準拠して，ヒト科に現生のオランウータン科をまとめている
注：サヘラントロプス属，オロリン属，アルディピテクス属はヒト亜科に所属するが，その位置は不明である

5 ヒト亜科の各種とその出現年代

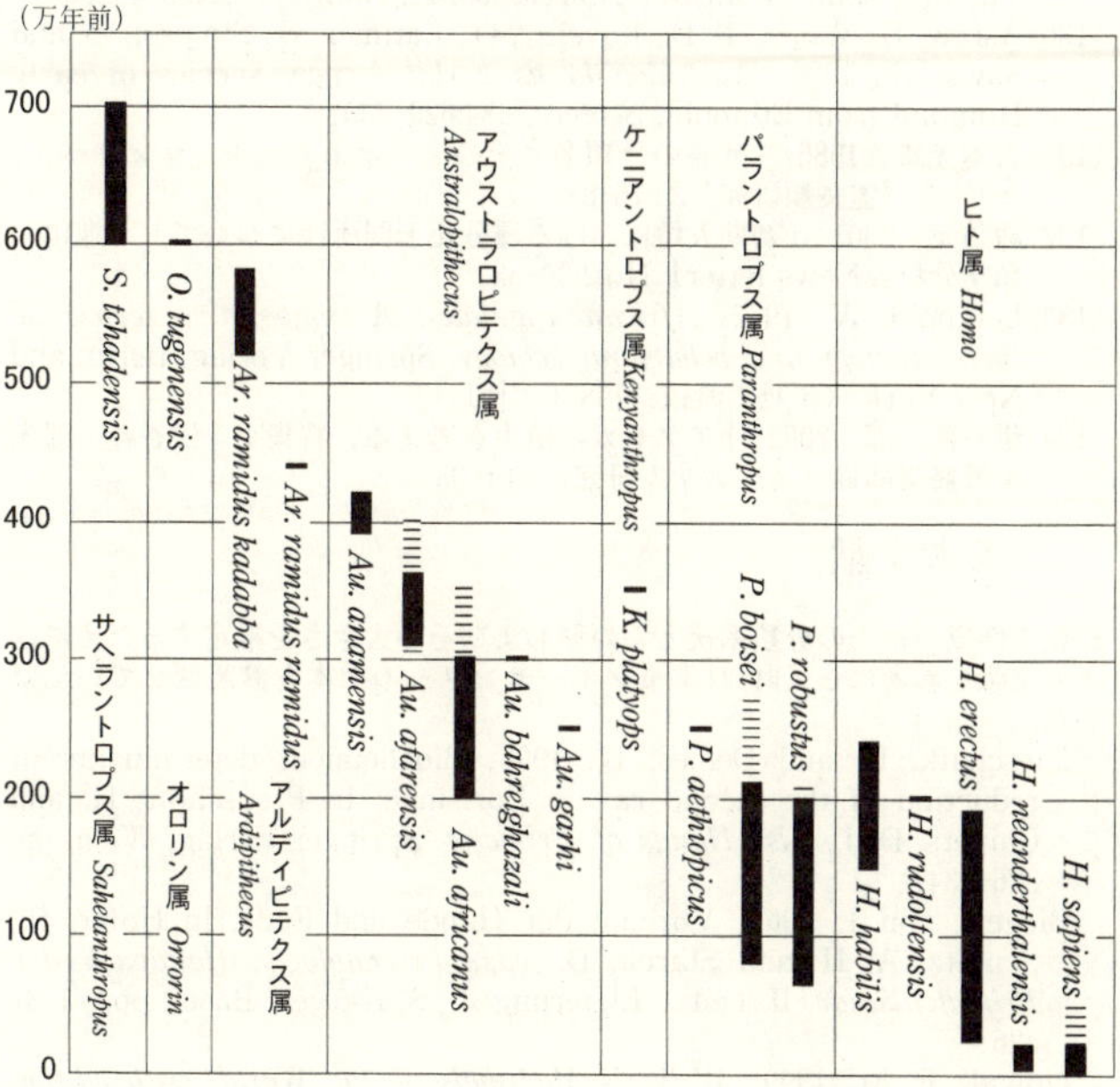
(万年前)
700
600
500
400
300
200
100
0
サヘラントロプス属 Sahelanthropus
S. tchadensis
オロリン属 Orrorin
O. tugenensis
アルディピテクス属 Ardipithecus
Ar. ramidus kadabba
Ar. ramidus ramidus
アウストラロピテクス属 Australopithecus
Au. anamensis
Au. afarensis
Au. africanus
Au. bahrelghazali
Au. garhi
ケニアントロプス属 Kenyanthropus
K. platyops
パラントロプス属 Paranthropus
P. aethiopicus
P. boisei
P. robustus
ヒト属 Homo
H. habilis
H. rudolfensis
H. erectus
H. neanderthalensis
H. sapiens

S., Nakaya, H., Uzawa, K., Renne, P. and WoldeGabriel, G., 1997, The first skull of *Australopithecus boisei*, *Nature*, 389:489-492.
(130)Asfaw, B., White, T. D., Lovejoy, O., Latimer, B., Simpson, S. and Suwa, G., 1999, *Australopithecus garhi*: A new species of early Hominid from Ethiopia, *Science*, 284:629-635.
(131)岩本光雄，1986，「サルの分類名（その２：オナガザル，マンガベイ，ヒヒ)」，『霊長類研究』2:76-88.
(132)諏訪元，2001，「初期人類における種分化と同所性について」，『進化人類学分科会News letter』No.2:30-33.
(133)Leuthold, W., 1977, *African ungulates: A comparative review of their ethology and behavioral ecology*, Springer Verlag, Berlin and New York.（未見；渡辺，1985に引用）
(134)伊谷純一郎，2002，「アフリカの植生を考える，特集１：伊谷純一郎先生最終講演録」，『アフリカ研究』60:1-33.

参考文献

扉絵の作成のための分類系統と手の形およびその大きさを推定するために以下の文献を参考にし，(財)日本モンキーセンターの標本を参照させていただいた.

Nieschalk, U. and Demes, B., 1993, Biochemical determinants of reduction of the second ray in Lorisinae, In Preuschoft, H. and Chivers, D. J., *eds.*, *Hands of Primates*, Springer-Verlag, Wien, pp. 226-234.
Biegert, von J., 1961, Vorhaut der Hände und Füße, In Hofer, H., Schultz, A. H. and Starck, D., *eds.*, *Primatologia, Handbuch der Primatenkunde*, II Teil 1 Lieferung 3, S. Karger, Basel, pp.3/1-3/326.
Nowak, R. M., 1999, *Walker's Mammals of the World*, *sixth edition* (Vol. I and II). The Johns Hopkins University Press, Baltimore and London, 1636pp.
Napier, 1980 (revised edition 1993). 引用文献番号(34)
Napier and Napier, 1967. 引用文献番号(35)
Milne-Edwards and Grandidier, 1875a and 1875b. 引用文献番号(36)および(37)

哺乳類の分類は Nowak 前掲書に，和名は以下の文献に準拠した.

今泉吉典監修，1988，『世界哺乳類和名辞典』，平凡社，東京，980pp.

霊長類の分類と和名，学名は以下の文献に準拠した.

岩本光雄，1985-1989，「サルの分類名」，『霊長類研究』1:45-54，2:76-88，3:59-67，3:119-126，4:83-93，4:134-144，5:75-80，5:129-141.引用文献番号(1)および(131)を含む.

化石人類を含むヒト上科とヒト科の分類は，Andrews, 1992(引用文献番号63)を参考にした.

「アフリカの霊長類の動物地理」図作成にあたっては，古市剛史，1999，『性の進化，ヒトの進化』朝日選書638，朝日新聞社および引用文献133などを参考にした.

(113)Porshnev, B. E., 1974, The Troglodytidae and the Hominidae in the taxonomy and evolution of higher primates, *Current Anthropology*, 15(4):449-456.
(114)Behrensmeyer, A. K. and Dechant Boaz, D. E., 1980, The recent bones of Amboseli Park, Kenya, in relation to East African paleoecology, In Behrensmeyer, A. K. and Hill, A. P., *eds.*, *Fossils in the making: Vertebrate taphonomy and paleoecology*, The University of Chicago Press, Chicago, pp.72-92.
(115)Speth, J. D., 1987, Early hominid subsistence strategies in seasonal habitats, *Journal of Archaeological Science.*, 14:13-29.
(116)菅野三郎, 1990,「畜骨の食化利用」,『肉の科学』31(2):243-251.
(117)McHenry, H. M., 1984, Relative cheek-tooth size in *Australopithecus*, *American Journal of Physical Anthropology*, pp.297-306.
(118)White, T. D. and Suwa, G., 1987, Hominid footprints at Laetoli: Facts and interpretations, *American Journal of Physical Anthropology*, 72:485-514.
(119)Charteris, J., Wall, J. C. and Nottrodt, J. W., 1982, Pliocene hominid gait: New interpretations based on available footprint data from Laetoli, *American Journal of Physical Anthropology*, 58: 133-144.
(120)木村賛, 1980,『ヒトはいかに進化したか』, サイエンス叢書11, サイエンス社, 東京, 225pp.
(121)タッタソール, I.,(河合信和訳), 1998,『化石から知るヒトの進化』, 出版文化社, 東京, pp.439.(Tattersal, I., 1995, *The fossil trail*, Oxford University Press, 276pp.)
(122)Wheeler, P. E., 1984, The evolution of bipedality and loss of functional body hair in hominids, *Journal of Human Evolution*, 13:91-98.
(123)Wheeler, P. E., 1994, The thermoregulatory advantages of heat storage and shade-seeking behaviour to hominids foraging in equatorial savannah environment, *Journal of Human Evolution*, 26:339-350.
(124)Wescott, R. W., 1967, Hominid uprightness and primate display, *American Anthropologist*, 69:738.
(125)Hews, G. W., 1961, Hominid bipedalism: Independent evidence for the food-carrying theory, *Science*, 146:416-418.
(126)Klein, R. G., 1989, *The Human career, human biological and cultural origins*, The University of Chicago Press, Chicago and London, 524pp.
(127)Leakey, M. G., Spoor, F., Brown, F. H., Gathogo, P. N., Kiarie, C., Leakey, L. N. and MacDougall, I., 2001, New hominin genus from eastern Africa shows diverse middle Pliocene lineages, *Nature*, 410: 433-440.
(128)Lieberman, D. E., 2001, Another face in our family tree, *Nature*, 410:419-420.
(129)Suwa, G., Asfaw, B., Beyene, Y., White, T. D., Katoh, S., Nagaoka,

zees, humans, and probably ape-man, *American Journal of Physical Anthropology*, 73:333-363.
(98) Peters, C. R. and Maguire, B., 1981, Wild plant foods of the Makapansgat area: A modern eco-systems analogue for *Australopithecus africanus* adaptations, *Journal of Human Evolution*, 10:565-583.
(99) Dunbar, R. I. M., 1976, Australopithecine diet based on a baboon analogy, *Journal of Human Evolution*, 5:161-167.
(100) Peters, C. R. and O'Brien, E. M., 1981, The early hominid plant-food niche: Insights from an analysis of plant exploitation by Homo, Pan, and Papio in eastern and southern Africa, *Current Anthropology*, 22(2):127-140 (including comments and reply).
(101) Nishida, T., 1981, Comment to Peter and O'Brien: The early hominid plant-food niche, *Current Anthropology*, 22(2):137.
(102) Speth, J. D., 1989, Early hominid hunting and scavenging: The role of meat as an energy source, *Journal of Human Evolution*, 18:329-343.
(103) Lucas, P. W., Corlett, R. T. and Luke, D. A., 1985, Plio-Pleistocene hominid diets: An approach combining masticatory and ecological analysis, *Journal of Human Evolution*, 14:187-202.
(104) 江原昭善・渡辺直経，1976，『猿人アウストラロピテクス』，中央公論社，東京，247pp.
(105) ダーウィン，C.,（池田次郎，伊谷純一郎訳），1967，『人類の起原』，世界の名著39，中央公論社，東京，574pp.（Darwin, Ch., 1871, *The Descent of Man and selection in relation to sex*, John Marray and Sons）
(106) 渡辺仁，1985，『ヒトはなぜ立ちあがったか——生態学的仮説と展望』，東京大学出版会，東京，405pp.
(107) エディー，M. A.,（鈴木正男訳），1977，『ライフ人類100万年，ミッシング・リンク』，タイムライフブックス，東京，160pp.（原論文：Schaller, G. and Lowther, G., 1969, The relevance of carnivore behavior to the study of early hominids, *Southwestern Journal of Anthropology*, 25(4):307-341.）
(108) Binford, L. R., 1981, *Bones: Ancient men and modern myths*, Academic Press, New York, 320pp.
(109) Bunn, H. T. and Kroll, E. M., 1986, Systematic butchery by Plio/Pleistocene hominids at Olduvai Gorge, Tanzania, *Current Anthropology*, 27(5):431-452 (included comments and reply).
(110) Binford, L. R., 1986, Comment to Bunn and Kroll: Butchery by Olduvai hominids, *Current Anthropology*, 27(5):444-446.
(111) Binford, L. R., 1988, Fact and fiction about *Zinjanthropus* floor: Data, arguments, and interpretations, *Current Anthropology*, 29(1): 123-135.
(112) Bunn, H. T. and Kroll, E. M., 1988, Reply to Binford: Fact and fiction about the *Zinjanthropus* floor, *Current Anthropology*, 29(1): 135-149.

Science, 265:1570-1573.
(80) Ohman, J. C., Slanina, M., Baker, G. & Mensforth, R. P., 1995, Thumbs, tools, and early humans, *Science*, 268:587-589.
(81) Hills, A., Ward, S., Deino, A., Curtis, G. and Drake, R., 1992. Earliest Homo, *Nature*, 355:719-722.
(82) Semaw, S., Renne, P., Harris, J. W. K., Feibel, C. S., Bernor, R. L., Fesseha, N. & Mowbray, K., 1997, 2.5-million-year-old stone tools from Gona, Ethiopia, *Nature*, 385(23):333-336.
(83) ハート, B. L., (森沢亀鶴訳), 1971, 『戦略論』, 第2改定版, (上下巻), 原書房, 東京, 468pp. (Hart, B. L., 1967, *Strategy*, Faber & Faber Ltd., London, 430pp.)
(84) 藤田恒太郎, 1993, 『人体解剖学』改訂第41版, 南江堂, 東京, 589pp.
(85) ランバート, D., (河合雅雄監訳), 1993, 『図説人類の進化』, 平凡社, 東京, 263pp. (Lambert, D. and The Diagram Group, 1987, *The field guide to early man*, Diagram Visual Information Ltd., New York, 256pp.)
(86) Dart, R. A., 1957, The osteodontokeratic culture of *Australopithecus prometeus*, *Transvaal Museum Memoir*, No.10. 105pp.
(87) ダート, R., (山口敏訳), 1960(1995新装版), 『ミッシング・リンクの謎』, みすず書房, 東京, 316+iv pp. (Dart, R. A. with Craig, D., 1959, *Adventures with the missing link*, London, Hamish Hamilton, 251pp.)
(88) Jolly, C. J., 1970, The seedeaters: A new model of hominid differentiation based on a baboon analogy, *Man*, 5(1):5-26.
(89) 川端晶子・寺元芳子編, 1988, 『調理学』訂正版, 地球社, 東京, 261 pp.
(90) Iwamoto, T., 1979, Feeding ecology, In Kawai, M., *ed*., *Ecological and Sociological studies of gelada baboons*, Kodansha Ltd., Tokyo, pp.279-335.
(91) Szalay, F. S., 1975, Hunting-scavenging proto-hominids: A model for hominid origins, *Man*, 10:420-429.
(92) Hews, G. W., 1961, Food transport and the origin of hominid bipedalism, *American Anthropologist*, 63:687-710.
(93) Kay, R. F., 1981, The nut-crackers: A new theory of the adaptations of the Ramapithecinae, *American Journal of Physical Anthropology*, 55:141-151.
(94) Waser, P., 1977, Feeding, ranging and group size in the mangabey *Cercocebus albigena*, In Clutton-Brock, T. H., *ed*., *Primate Ecology: Studies of feeding and ranging behaviour in lemurs, monkeys and apes*, Academic Press, London, pp.138-222.
(95) Mackinnon, J., 1974, *In search of the Red Ape*, Holt, Rinehart and Winston, New York, 222pp.
(96) Rodman, P. S., 1978, Diets, densities and distribution of Bornean primates, In Montogomery, G. G., *ed*., *The ecology of arboreal folivores*, Smithsonian Institution Press, Washington, pp.465-478.
(97) Peters, C. R., 1987, Nut-like oil seeds: Food for monkeys, chimpan-

Nature, 360:541-646.
(64) ルーウィン，R.,（保志宏，楢崎修一郎訳），1993，『人類の起源と進化』，てらぺいあ，東京，246pp.（Lewin, R., 1989，*Human evolution* 2nd edition, An illustrated introduction, Blackwell Scientific Publications Inc., Oxford, 153pp.）
(65) Ward, C. V., Walker, A. & Teaford, M. F., 1991，Proconsul did not have a tail, *Journal of Human Evolution*, 21:215-220.
(66) Sarich, V. M. and Wilson, A. C., 1967，Immunological time scale for hominid evolution, *Science*, 158:1200-1203.
(67) 瀬戸口烈司，1985，「分子変化率は一定か――古生物学からの分子時計への疑問」，『人類誌』93:287-301.
(68) 宮田隆，林田秀宜，菊野玲子，1986，「分子時計――分子進化速度の一定性に関する最近の知見」，『霊長類研究』2:9-16.
(69) Kohne, D. E., 1975，DNA evolution data and its relevance to mammalian phylogeny, In Luckett, W. P. and Szalay, F. S., *eds.*, *Phylogeny of the primates*, Plenum Press, New York, pp.249-261.
(70) 長谷川政美，1989，『増補 DNA からみた人類の起原と進化――分子人類学序説』，海鳴社，東京，282pp.
(71) White, T. D., Suwa, G. and Asfaw, B., 1994，*Australopithecus* (*Ardipithecus*) *ramidus*, a new species of early hominid from Aramis, Ethiopia, *Nature*, 371:306-312.
(72) Leakey, M. G., Feibel, C. S., MacDougall, I. and Walker, A., 1995，New four-million-year-old hominid species from Kanapoi and Allia Bay, Kenya, *Nature*, 376:565-571.
(73) Johanson, D. C., Lovejoy, C. O., Kimbel, W. H., White, T. D., Ward, S. C., Bush, M. E., Latimer, B. M. and Coppens, Y., 1982，Morphology of the Pleistocene partial hominid skeleton (A. L. 288-1) from the Hadar formation, Ethiopia, *American Journal of Physical Anthropology*, 57:403-451.
(74) ジョハンソン，D. C., エディ，M. A.,（渡辺毅訳），1986，『ルーシー』，どうぶつ社，東京，462pp.（Johanson, D. C. and Edey, M., A., 1981，*Lucy, the beginnings of humankind*, Simon and Schuster, New York, 409pp.）
(75) ジョハンソン，D. C., シュリーヴ，J.,（堀内静子訳，馬場悠男監修），1993，『ルーシーの子供たち』，早川書房，東京，390pp.（Johanson, D. and Shreeve, J., 1989，*Lucy's child: The discovery of a human ancestor*, Morrow, New York, 318pp.）
(76) Clark, W. E. L. G. (Le Gros Clark, W. E.), 1955(1978新版)，*The fossil evidence for human evolution: an introduction to the study of paleoanthropology*, Univ. of Chicago Press, Chicago, pp.200.
(77) コパン，Y.（馬場悠男，奈良貴史訳），2002，『ルーシーの膝』，紀伊國屋書店，東京，222pp.（Coppens, Y., 1999，*Le genou de Lucy: L'histoire de l'homme et de son histoire*, Odile Jacob, Paris）
(78) Brunet, M. *et al*., 1995，The first australopithecine 2,500 kilometers west from the Rift Valley (Chad), *Nature*, 378:273-275.
(79) Sussman, R. L., 1994，Fossil evidence for early hominid tool use,

Press, London, pp.38-69.
(46) Oates, J. H., 1977, The guereza and its food, In Clutton-Brock, T. H., *ed*., *Primate Ecology*, Academic Press, London, pp.276-321.
(47) Richard, F. A., 1977, The feeding behaviour of *Propithecus verreauxi*, In Clutton-Brock, T. H., *ed*., *Primate Ecology*, Academic Press, London, pp.72-96.
(48) Swindler, D. R., 1976, *Dentition of living primates*, Academic Press, London, 308pp.
(49) Charles-Dominique, P., 1977, (Translated by Martin, R. D.) *Ecology and Behaviour of Nocturnal Primates, Prosimians of equatorial West Africa*, Columbia University Press, New York, 277pp.
(50) Charles-Dominique, P. and Bearder, S. K., 1979, Field studies of Lorisid behavior: Methodological aspects, In Doyle and Martin, *eds*., *The study of prosimian behavior*, Academic Press, New York, pp.567-629.
(51) Terbough, J., 1983, Five New World Primates, *A study in comparative ecology*, Princeton University Press, Princeton, 260pp.
(52) Delson, E., 1980, Fossil macaques, phyletic relationships and a scenario of development, In Lindburg, D. G., *ed*., *The Macaques: Studies in ecology, behavior and evolution*, Van Nostrand Reinhold Company, New York, pp.10-30.
(53) 房総の自然研究会, 1974,「房総丘陵のニホンザルの植物性食物リスト」, 岩野泰三, 増井憲一, 高杉欣一, 上原重男編, 雑誌『にほんざる』第1号, pp.177-192.
(54) 間直之助, 1962,『比叡山の野生ニホンザルに関する調査報告』, 坂本山王峡振興会（中川, 1994に引用）
(55) Maruhashi, T., 1980, Feeding behaviour and diet of the Japanese monkeys (*Macaca fuscata yakui*) on Yakushima Island, Japan, *Primates*, 22:141-160.
(56) 中川尚史, 1994,『サルの食卓――採食生態学入門』, 平凡社自然叢書23, 東京, 285pp.
(57) 牧田登之, 1992,『日本猿の解剖図譜』, 東京大学出版会, 東京, 162pp.
(58) 田中一郎, 1999,『「知恵」はどう伝わるか』, 京都大学出版会, 京都, 304pp.
(59) Nishida, T. and Uehara, S., 1983, Natural diet of chimpanzee (*Pan troglodytes schweinfurthii*): Long-term record from the Mahale Mountains, Tanzania, *African Study Monographs*, 3:109-130.
(60) 鈴木晃, 1977,『雑食化への道, 野生チンパンジーの生態』, 玉川大学出版会, 東京, 234pp.
(61) フォッシー, D.,（羽田節子・山下恵子訳）, 2002,『霧の中のゴリラ』平凡社ライブラリー, 453pp.（Fossey, D., 1983, *Gorillas in the mist*, Hodder and Stoughton, London, 326pp.）
(62) Westergaard, G. C. and Kuhn, H. E., 2001, Skeletal evidence for precision gripping in *Cebus apella*, *Human evolution*, 16(2):137-142.
(63) Andrews, P., 1992, Evolution and environment in the Hominoidea,

(*Eulemur macaco*) for seed dispersal in Lokobe forest, Nosy Be, in Rakotosamimanana, B., Rasamimanana, H., Ganzhorn, J. U. & Goodman, S. M., *eds., New directions in lemur studies*, Kluwer Academic / Plenum Publishers, New York, pp.189-199.
(33) Kay, R. F., Sussman, R. W. & Tattersall, I., 1978, Dietary and dental variations in the genus *Lemur*, with concerning dietary-dental correlations among Malagasy primates, *American Journal of Physical Anthropology*, 49:119-128.
(34) Napier, J. R., 1980 (revised edition 1993), *Hands*, Princeton University Press, Princeton, New Jersey, 180pp.
(35) Napier, J. R. and Napier, P. H., 1967, *A Handbook of Living Primates*, Academic Press, London, 456pp.
(36) Milne-Edwards, A. and Grandidier, A., 1875a, Histoire Natuelle des Mammifères, In Grandidier, A., *ed., Histoire Physique, Naturelle et Politique de Madagascar*, Tome IV, Atlas I, L'imprimerie nationale, Paris, 122pls.
(37) Milne-Edwards, A. and Grandidier, A., 1875b, Histoire Natuelle des Mammifères, In Grandidier, A., *ed., Histoire Physique, Naturelle et Politique de Madagascar*, Tome IV, Atlas II, L'imprimerie nationale, Paris, 254pls.
(38) Rigamonti, M. M., 1993, Home range and diet in red ruffed lemurs (*Varecia variegata rubra*) on the Masoala Peninsula, Madagascar, In Kappler, P. M. and Ganzhorn, J. U., *eds., Lemur social systems and their ecological basis*, Plenum Press, New York, pp.25-39.
(39) Sussman, R. W., 1979, Nectar-feeding by prosimians and its evolutionary and ecological implications, In Sussman, R. W., *ed.*, 1979. *Primate ecology: Problem-oriented field studies*, John Wiley & Sons, New York, pp.569-577.
(40) Meier, B., Albignac, R., Peyrieras, A., Rumpler, Y. & Wright, P., 1987, A new species of *Hapalemur* (Primates) from south east Madagascar, *Folia Primatologica*, 48:211-215.
(41) Glander, K. E., Wright, P. C., Seigler, D. S., Randrianasolo, V. and Randrianasolo, B., 1989, Consumption of cyanogenic bamboo by a newly discovered species of bamboo lemur, *American Journal of Primatology*, 19:119-124.
(42) Tan, C. L., 1999, Group composition, home range size, and diet of three sympatric bamboo lemur species (Genus *Hapalemur*) in Ranomafana National Park, Madagascar, *International Journal of Primatology*, 20(4):547-566.
(43) Richard, F. A., 1978, *Behavioral variation: Case study of a Malagasy lemur*, Associated University Press, London, 213pp.
(44) Jouffroy, F. K., Godinot, M. and Nakano, Y., 1993, Biometrical characteristics of primate hands, In Preuschoft, H. and Chivers, D. J., *eds., Hands of Primates*, Springer-Verlag, Wien, pp.132-171.
(45) Pollock, J. I., 1977, The ecology and sociology of feeding in *Indri indri*, In Clutton-Brock, T. H., *ed., Primate Ecology*, Academic

Paris, Piere L'Amy, pp.1-202(Histoire); pp.203-471(Relation).
(17) 河合雅雄，岩本光雄，吉場健二，1968，『世界のサル』，毎日新聞社，東京，253pp.
(18) Mittermeier, R. A., Tattersall, I., Konstant, W. R., Meyers, D. M. & Mast, R. B., 1994, *Lemurs of Madagascar: Conservation International Tropical Field Guide Series 1*, Conservation International, Washington, DC., 356pp.
(19) Hladik, C. M. and Charles-Dominique, P., 1974, The behaviour and ecology of the sportive lemur (*Lepilemur mustelinus*) in relation to its dietary peculiarities, In Martin, R. D. *et al*., *eds*., *Prosimian biology*, Duckworth, London, pp.23-37.
(20) Hladik, C. M., 1979, Diet and ecology of prosimians, In Doyle, G. A. and Martin, R. D., *eds*., *The study of prosimian behavior*, Academic Press, New York, pp.307-357.
(21) Ishak, B., Water, S., Dutrillaux, B. and Rumpler, Y., 1992, Chromosomal rearrangements and speciation of sportive lemurs (*Lepilemur* species), *Folia Primatologica*, 58:121-130.
(22) Rasoroarison, R. M., Goodman, S. M. & Ganzhorn, J. U., 2000, Taxonomic revision of mouse lemurs (*Microcebus*) in the western portions of Madagascar, *International Journal of Primatology*, 21(6):963-1019.
(23) Charles-Dominique, P. and Martin, R. D., 1972, *Behaviour and ecology of nocturnal prosimians. Field studies in Gabon and Madagascar*, Paul Parey, Berlin, 89pp.
(24) Garbutt, N., 1999, *Mammals of Madagascar*, Yale University Press, New Haven, 320pp.
(25) Niemitz, C., 1979, Outline of the behavior of *Tarsius bancanus*, In Doyle, G. A. and Martin, R. D., *eds*., *The study of prosimian behavior*, Academic Press, New York, pp.631-660.
(26) Brack, M. and Niemitz, C., 1984, Synecological relationships and feeding behaviour of the genus *Tarsius*, In Niemitz, C., *ed*., *Biology of Tarsiers*, Gustav Fisher Verlag, New York, pp.59-75.
(27) Hershkovitz, P., 1977, *Living New World Monkeys* (*Platyrrhini*) Vol. I, The University of Chicago Press, Chicago, 1117pp.
(28) Kinzey, W. G., Rosenberger, A. L. and Ramirez, M., 1975, Vertical clinging and leaping in a neotropical anthropoid, *Nature*, 225(5506): 327-328.
(29) Izawa, K., 1975, Food and feeding behavior of monkeys in the Amazon basin, *Primates*, 16(3):295-316.
(30) 西田利貞，2001，『動物の「食」に学ぶ』，女子栄養大学出版部，東京，215pp.
(31) Sussman, R. W., 1977, Feeding behaviour of *Lemur catta* and *Lemur fulvus*, In Clutton-Brock, T. H., *ed*., *Primate Ecology: Studies of feeding and ranging behaviour in lemurs, monkeys and apes*, Academic Press, London, pp.1-36.
(32) Birkinshaw, C. R., 1999, The importance of the black lemur

引用文献

＊数字は本文中の番号に対応

（1）岩本光雄，1989，「サルの分類名（その8：原猿類）」，『霊長類研究』5:129-141.

（2）Martin, R. D., 1990, *Primate origins and evolution*, Chapman and Hall, London, 804pp.

（3）Rumpler, Y., Warter, S., Petter, J-J., Albignac, R. and Dutrillaux, B., 1988, Chromosomal evolution of Malagasy lemurs, XI. Phylogenetic position of *Daubentonia madagascariensis*, *Folia Primatologica*, 50:124-129.

（4）Peters, W., 1866, Über die Säugetier-Gattung *Chiromys*（Aye-aye）. Die Abhandlungen der Königl, Akademie der Wissenschaften zu Berlin 1865, ppp.79-100＋iv.

（5）Owen, R., 1863, On the aye-aye（*Chiromys Cuvier*）, *Transactions of the Zoological Society of London*, 5:33-101.

（6）クルテン，B.,（小原秀雄，浦本昌紀訳），1976，『哺乳類の時代』，平凡社，東京，322pp.（Kurtén, B., 1971, *The age of mammals*, George Weidenfeld and Nicolson Ltd., 250pp.）

（7）Pollock, J. I., Constable, I. D., Mittermeier, R. A., Ratsirarson, J. and Simons, H., 1985, A note on the diet and feeding behavior of the aye-aye *Daubentonia madagascariensis*, *International Journal of Primatology*, 6(4):435-447.

（8）Cartmill, M., 1974, *Daubentonia*, *Dactylopsila*, woodpeckers and Klinorhynchy, In Martin, R. D. *et al*., *eds*., *Prosimian biology*, Duckworth, London, pp.655-670.

（9）島泰三，2002，『アイアイの謎』，どうぶつ社，東京，175pp.

（10）Sterling, E. J., 1993, Patterns of range use and social organization in aye-ayes（*Daubentonia madagascariensis*）on Nosy Mangabe, In Kappeler, P. M. and Ganzhorn, J. U., *eds*., *Lemur social systems and their ecological basis*, Plenum Press, New York, pp.1-10.

（11）Ancrenz, M., Lackman-Ancrenz, I. and Mundy, N., 1994, Field observation for aye-ayes（*Daubentonia madagascariensis*）in Madagascar, *Folia Primatologica*, 62:22-36.

（12）エルトン，C.,（渋谷寿夫訳），1955，『動物の生態学』，科学新興社，東京（Elton, Ch., 1927, *Animal Ecology*, Sigwick & Jackson, Ltd., London, 204pp.）

（13）ガウゼ，G. F.,（吉田敏治訳），1981，『生存競争』，思索社，東京，204pp.（Gauze, G. F., 1934, *The struggle for existence*, The Williams & Wilkins Company, Baltimore.）

（14）今西錦司，1979，『生物社会の論理』（復刻版），思索社，東京，289pp.

（15）今西錦司，1968，『ダーウィン論──土着思想からのレジスタンス』，中央公論社，東京，189pp.

（16）Flacourt, E. de., 1661, *Histoire de la grande Isle Madagascar, Avec une relation de ce qui s'est passé és années 1655, 1656 & 1657, non encore venue par la premièr impression*, Troyes, N. Oudot;

島 泰三（しま・たいぞう）

1946年，山口県下関市生まれ．下関西高等学校を経て，東京大学理学部人類学教室卒業．房総自然博物館館長，雑誌『にほんざる』編集長，日本野生生物研究センター主任研究員，天然記念物ニホンザルの生息地保護管理調査主任調査員（高宕山，臥牛山），国際協力事業団マダガスカル派遣専門家等を経て，現在，日本アイアイ・ファンド代表．理学博士．専攻・霊長類学．アイアイの保護活動への貢献によりマダガスカル国第5等勲位「シュバリエ」を受ける．

著書『どくとるアイアイと謎の島マダガスカル』（八月書館）
『アイアイの謎』（どうぶつ社）
『はだかの起原』（講談社学術文庫）
『サルの社会とヒトの社会』（大修館書店）
『マダガスカル アイアイのすむ島』（草思社）
『ヒト、犬に会う』（講談社選書メチエ）
論文「ニホンザルの分布」
「房総丘陵のニホンザルの生態」
「Feeding behaviour of the aye-aye on nuts of ramy」
「An ecological and behavioral study of the aye-aye」
ほか
URL http ://www.ayeaye-fund.jp/

親指《おやゆび》はなぜ太《ふと》いのか
中公新書 *1709*

2003年8月25日初版
2020年3月30日4版

著者 島 泰三
発行者 松田陽三

本文印刷 三晃印刷
カバー印刷 大熊整美堂
製本 小泉製本

発行所 中央公論新社
〒100-8152
東京都千代田区大手町 1-7-1
電話 販売 03-5299-1730
編集 03-5299-1830
URL http://www.chuko.co.jp/

Published by CHUOKORON-SHINSHA, INC.
Printed in Japan ISBN978-4-12-101709-3 C1245

自然・生物

番号	タイトル	著者
2305	生物多様性	本川達雄
503	生命を捉えなおす（増補版）	清水博
1097	生命世界の非対称性	黒田玲子
2414	入門! 進化生物学	小原嘉明
2433	すごい進化	鈴木紀之
1972	心の脳科学	坂井克之
1647	言語の脳科学	酒井邦嘉
2390	親指はなぜ太いのか 異端のサル――ヒトーの1億年	島泰三
1709	親指はなぜ太いのか	島泰三
1087	ゾウの時間 ネズミの時間	本川達雄
2419	ウニはすごい バッタもすごい	本川達雄
877	カラスはどれほど賢いか	唐沢孝一
2485	カラー版 目からウロコの自然観察	唐沢孝一
1860	カラー版 昆虫――驚異の微小脳	水波誠
2539	カラー版 虫や鳥が見ている世界――紫外線写真が明かす生存戦略	浅間茂

番号	タイトル	著者
2259	カラー版 スキマの植物図鑑	塚谷裕一
2311	カラー版 スキマの植物の世界	塚谷裕一
1706	ふしぎの植物学	田中修
1890	雑草のはなし	田中修
2174	植物はすごい	田中修
2328	植物はすごい 七不思議篇	田中修
2491	植物のひみつ	田中修
2572	日本の品種はすごい	竹下大学
1769	苔の話	秋山弘之
939	発酵	小泉武夫
2408	醬油・味噌・酢はすごい	小泉武夫
348	水と緑と土（改版）	富山和子
1156	日本の米――環境と文化はかく作られた	富山和子
2120	気候変動とエネルギー問題	深井有
1922	地震の日本史（増補版）	寒川旭